JN349547

공동주택 홈네트워크 시스템
보안관리 안내서

과학기술정보통신부
한국인터넷진흥원

Contents

공동주택 홈네트워크 시스템 보안관리 안내서

공동주택 홈네트워크 시스템
보안관리 안내서

본 안내서는 세대단말기(월패드) 영상유출 해킹 등의 침해사고 예방을 위해 홈네트워크의 보안장비, 네트워크, 서버, 관리PC에 대한 보안 강화를 목적으로 보안취약점 점검 및 조치 등 보안관리 방법을 안내하기 위한 자료입니다.

홈네트워크 설비 설치에 대한 기준은 「지능형 홈네트워크 설비 설치 및 기술기준」과 「 홈네트워크 보안가이드 」를 참고하시기 바랍니다.

I

개 요

1 ▪ 배경

홈네트워크는 유무선 네트워크를 기반으로 언제 어디서나 조명, 가스, 난방 기기 등 가정 내의 다양한 정보기기를 제어 가능한 시스템으로 세대 입주민과 공동주택 시설관리의 편의성을 제공하지만 네트워크에 연결된 시스템의 특성상 해킹사고 발생 위협이 존재하며 해킹 발생 시에는 사생활 노출은 물론이고 안전에도 직접적인 영향을 미칠 수 있다.

2021년 국내 공동주택의 단지서버 해킹이 발생하여 각 세대에 설치된 세대단말기를 통해 영상정보가 외부로 유출되는 사고가 발생하였으며 이러한 해킹사고의 예방과 보안성 강화를 위해 22년 7월 1일부터 건설되는 공동주택은「지능형 홈네트워크 설비 설치 및 기술기준」에 따라 세대간 망분리와 인증 구현, 접근통제 등 보안요구사항을 충족하는 홈네트워크 장비 설치가 의무화 되었다.

하지만 기 구축 된 공동주택은 시스템 구성을 변경하는 것이 현실적으로 어려우며 세대간 망분리 및 정보보호 인증을 받은 장비를 설치하였다고 하더라도 지속적인 보안관리가 이루어지지 않는다면 또 다시 해킹사고가 발생할 수 있다.

따라서 본 안내서에서는 지속적인 보안관리가 이루어질 수 있도록 새롭게 구축되는 공동주택뿐만 아니라 기 구축 공동주택에서도 공통적으로 적용할 수 있는 보안취약점 점검 절차 및 방법을 소개하고자 한다.

안내서에 소개되어 있는 **▶관리PC는 관리사무소에서도 자체적으로 보안점검이 가능하도록 제작**되었으며, 네트워크 및 보안 장비, 서버에 대한 취약점을 점검하고 조치하기 위해서는 **▶홈네트워크 제조·운영사 등과 유지보수 계약을 통해 주기적인 보안점검을 실시하여 보안을 강화하여야 한다.**

자체적으로 점검이 어려운 경우 한국인터넷진흥원의「내서버돌보미」,「내PC돌보미」 서비스를 통해 지원 받을 수 있다.

KISA 인터넷 보호나라(boho.co.kr) → 보안점검 → 내PC 돌보미, 내서버돌보미 신청

2 ▪ 안내서 목적 및 구성

목적

- 공동주택 홈네트워크 시스템에 대한 보안관리 방법을 안내하여 **침해사고 예방 및 보안수준 강화**

대상

- 홈네트워크 제조・운영사
- 공동주택 관리사무소

범위

- 방화벽 등 단지네트워크장비
- 단지서버
- 시스템 관리 목적의 PC

유의 사항

- 본 안내서에서 보안강화를 위해서 제시하는 불필요한 계정, 파일 삭제, 설정 변경 등 권고사항은 운영중인 시스템 동작에 **영향을 미칠 수 있으므로 홈네트워크 제조·운영사와 충분한 검토 후 적용하시기 바랍니다.**

- 본 안내서의 점검 방법은 절대적이지 않으며, 홈네트워크 **시스템의 서비스 구성 및 운영방식에 따라 다른 방식의 보안조치를 통해서 위협을 완화할 수 있습니다.**

공동주택 홈네트워크 시스템 보안관리 안내서

홈네트워크 시스템 보안점검 항목

1 ▪ 네트워크 및 보안장비

구분	번호	세부 항목
네트워크 분리 운영	NW-1	시스템 운영 환경 및 업무 환경의 분리 운영
계정 관리	NW-2	보안장비 계정 관리
기능 관리	NW-3	보안장비 정책 설정 및 관리
접근 통제	NW-4	보안장비 원격 관리 접근 통제
패치 관리	NW-5	벤더에서 제공하는 최신 업데이트 적용

2 ▪ 서버(단지서버 등 주요 시스템)

구분	Win	Linux	번호	세부 항목
계정관리 및 권한 검토	√	√	SV-1	Guest 계정 및 불필요한 계정 비활성화
	√	√	SV-2	사용 목적별 계정 분리
		√	SV-3	root 등 계정의 동일한 UID 사용 금지
	√	√	SV-4	관리자 그룹에 최소한의 계정 포함
		√	SV-5	로그인이 불필요한 기본 계정의 쉘 부여
	√		SV-6	Administrator 계정 이름 변경
	√		SV-7	Everyone 사용 권한을 익명 사용자에게 적용
관리자, 사용자 디렉토리 권한 적정성		√	SV-8	root 홈, 패스 디렉토리 권한 및 패스 설정
	√	√	SV-9	홈디렉토리 소유자 및 권한 설정
		√	SV-10	사용자, 시스템 환경파일 소유자 및 권한 설정
		√	SV-11	파일 및 디렉토리 소유자 설정
	√		SV-12	공유 권한 및 사용자 그룹 설정
	√		SV-13	하드디스크 기본 공유 제거
권한 상승 및 불필요한 파일 관리		√	SV-14	SUID, SGID, Sticky bit 설정 파일 점검
		√	SV-15	World Writable 파일 점검
중요 설정파일 소유자 및 접근권한 관리		√	SV-16	/etc/hosts 파일 소유자 및 권한 설정
		√	SV-17	/etc/passwd 파일 소유자 및 권한 설정
		√	SV-18	/etc/shadow 파일 소유자 및 권한 설정
		√	SV-19	UMASK 설정 관리(UMASK 0022)
		√	SV-20	cron 파일 소유자 및 권한 설정
		√	SV-21	/etc/(x)inetd.conf 파일 소유자 및 권한 설정
		√	SV-22	/etc/syslog.conf 파일 소유자 및 권한 설정

중요 설정파일 소유자 및 접근권한 관리		√	SV-23	/etc/services 파일 소유자 및 권한 설정
		√	SV-24	at 파일 소유자 및 권한 설정
		√	SV-25	서버 로그온 시 버전 정보 노출
	√		SV-26	Autologon 비활성화
	√		SV-27	SAM 파일 접근 통제 설정
불필요한 서비스 및 스케줄러	√	√	SV-28	불필요한 서비스 비활성화
	√	√	SV-29	예약된 작업 중 불필요한 작업 검토 및 비활성화
원격 접속 및 터미널 서비스 관리	√	√	SV-30	원격 접속 터미널 사용자 및 그룹 제한
	√	√	SV-31	원격 접속 터미널 보안 설정
	√	√	SV-32	불명확한 출처로부터의 접속 기록 검토
주요 어플리케이션 보안		√	SV-33	NFS 서비스 사용여부 및 NFS 접근통제
	√	√	SV-34	FTP 서비스 접근 권한 및 보안설정
	√	√	SV-35	관리자페이지 취약한 인증정보 사용
악성코드 탐지·예방 활동	√	√	SV-36	악성코드 은닉·탐지 도구 설치 및 업데이트
로그 기록 보관	√	√	SV-37	시스템 가동 로그 기록
	√	√	SV-38	정보시스템 가동기록 6개월 이상 보관
데이터베이스	√	√	SV-39	중요 데이터 백업 주기적 실시
	√	√	SV-40	접근, 변경, 질의 등 감사 로깅 1년 이상 보관

3 ▪ 관리PC

구분	번호	세부 항목
계정 관리 및 보안 설정	PC-1	운영체제 패스워드 설정
	PC-2	패스워드 주기적 변경
	PC-3	화면보호기 설정 및 해제 시 암호 설정
불필요한 서비스 비활성화	PC-4	공유폴더 제거
	PC-5	원격데스크톱 연결 비활성화
	PC-6	불필요한 서비스 제거
최신 보안 업데이트	PC-7	운영체제 최신 보안 업데이트
악성코드 탐지 및 예방 활동	PC-8	백신 설치 및 주기적 업데이트
	PC-9	운영체제 방화벽 기능 활성화

주요 시스템 보안설정 및 점검 절차

- 네트워크 및 보안장비 -

NW-1 시스템 운영 환경 및 업무 환경의 분리 운영

보안 위협

홈네트워크망과 관리사무소 등에서 업무 목적으로 사용 중인 인터넷망을 함께 사용할 경우, 관리사무소 PC가 악성코드 감염 시 홈네트워크 장비에 영향을 미칠 수 있음

미흡 사례

사례 1 단지망에 연결되어 있는 주차 관제 PC의 USB 무선 랜카드를 통해 관리사무소 방문객용 Wi-Fi가 연결되어 불필요하게 외부 인터넷이 가능한 경우

사례 2 홈네트워크 최초 구축 시 단지망에 연결하였던 시스템 및 PC 외에 추가 기기가 설치되어 외부 인터넷을 이용하고 있는 경우

주요 확인 사항

- **홈네트워크망에 연결 된 관리PC가 별도의 무선 네트워크를 통해 외부 인터넷이 가능한 환경으로 운영하고 있는가?**
- **홈네트워크 단지 서버와 통신이 필요 없는 기타 설비 장비의 단말기가 홈네트워크망에 연결되어 있는가?**

조치 방법

홈네트워크에 연결된 모든 PC에 대해 아래 방법을 통해 IP 정보를 확인하고, 무선 네트워크 및 기타 네트워크 연결 해제

① Windows : 시작 → 실행 → "cmd" → "ipconfig /all"

② 홈네트워크 네트워크 외*에 무선 네트워크 또는 기타 네트워크 확인
* 홈네트워크는 대부분 사설 IP대역으로 구성
(10.0.0.0 ~ 10.255.255.255, 172.16.0.0 ~ 172.31.255.255, 192.168.0.0 ~ 192.168.255.255)

③ Windows : 시작 → 실행 → "ncpa.cpl" → 불필요한 네트워크 우클릭 → "사용 안함"

NW-2 보안장비 계정 관리

보안 위협

- **방화벽 등 보안장비에 사용하지 않은 불필요한 계정이 존재할 경우 관리되지 않은 계정을 이용하여 내/외부에서 원격 접속 후 설정 변경 등 가능**
- **공용계정 및 휴먼계정이 존재하는 시스템은 침해사고 발생 시 사후 추적이 어려움**

미흡 사례

사례 1 외부에서 별도 접근 통제 없이 홈네트워크 방화벽에 접속이 가능하며, 구축 시 생성했던 test 계정이 존재하는 경우

사례 2 방화벽 관리 콘솔에 접속하는 관리자 계정의 패스워드가 유추하기 쉬운 패스워드(공동주택명+1! 등)를 사용하고 있는 경우

주요 확인 사항

- **홈네트워크에서 운영 중인 방화벽의 관리 콘솔 계정 목록 중 실제 접속을 하는 관리 계정 외에 불필요한 계정 존재 및 단일 계정을 여러 사용자가 공유하고 있지 않은가?**
  ex) 불필요한 계정 : test, user, guest, 1111 등
- **방화벽에 접속하는 계정의 암호가 유추하기 쉬운 암호를 사용하고 있지 않은가?**
  ex) 단순 숫자 8자리 이하, 공동주택명과 숫자만을 조합한 암호 등은 사용 자제

조치 방법

아래는 일반적인 조치 방법으로 세부 설정 방법은 제품별로 상이하기 때문에 벤더사에 문의하여 조치 방법 확인 후 진행

① 방화벽 웹 관리자 페이지 접근 및 로그인

② 계정 메뉴에서 불필요한 계정 검토 및 단일 계정을 여러 사용자 공유 시 사용자별 계정 생성 및 권한 차등 부여

③ 방화벽에서 제공하는 범위에서 패스워드 재설정

NW-3 보안장비 정책 설정 및 관리

보안 위협

- **미사용 및 중복된 정책을 제거하지 않는 경우 인지하지 못한 정책으로 인해 네트워크 보안 체계가 악화될 수 있음**
- **불필요한 정책이 존재할 경우 외부에서 지속적인 공격 시도가 발생할 수 있음**

미흡 사례

사례 1 방화벽에 별도 차단 정책 없이 전체 허용으로 정책이 설정되어, 외부에서 단지서버의 모든 서비스 포트로 접근이 가능한 경우

사례 2 FTP 등 테스트 목적으로 특정 서비스를 전체 허용으로 설정하였으나, 테스트 완료 후 삭제하지 않아 취약한 정책이 잔존하고 있는 경우

주요 확인 사항

- **방화벽을 통해 단지서버 관리 목적의 원격 접속 서비스 프로토콜(RDP, SSH 등)에 대해 허용된 IP만 Inbound 허용되어 있는가?**
  ex) 유지보수 접속 IP(xxx.xxx.xxx.xxx/32) -> 단지 서버(3389번 포트 또는 22번 포트) 허용
- **데이터베이스에 불필요한 외부 원격 접속을 허용하는 정책이 존재하는가?**
  ※ 데이터베이스 직접 접속이 필요한 경우 접속 계정 권한 최소화 권고
- **불필요하게 모든 IP 대역이 허용되어 있는 정책이 존재하지 않은가?**
  ex) Source IP : Any, Destination IP : Any – FTP(21)

조치 방법

아래는 일반적인 조치 방법으로 유지보수 계약중인 홈네트워크 제조사에서 영향도 검토 후 방화벽 정책 설정

① 방화벽 웹 관리자 페이지 접근 및 로그인

② 정책 설정 메뉴에서 불필요한 정책 또는 모든 IP 및 포트에 대한 접근 허용 단일 정책을 운영하고 있는지 확인하고 실제 접근이 필요한 IP 및 포트에 대해서만 Inbound 허용 정책 설정

③ 외부에서 네트워크 스캔 도구(nmap, angry ip scanner 등)를 이용하여 단지서버 IP를 대상으로 스캔을 시도하여 open 되어 있는 서비스가 전체 접속이 필요한 서비스인지에 대한 검토
Nmap Scan 예시) nmap –sS –T4 –p – xxx.xxx.xxx.xxx/32(단지 서버 IP)

NW-4 보안장비 원격 관리 접근 통제

보안 위협

공격자에 의해 보안장비 계정이 탈취된 경우 접근 통제가 설정되어 있지 않은 보안장비로 접근하여 설정 값 변경을 통해 장비를 무력화 시킬 수 있음

미흡 사례

사례 1 방화벽 접속을 위한 계정이 다수 존재하며, 접속에 대한 허용 IP를 설정하지 않은 경우

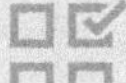

주요 확인 사항

- **방화벽 원격 관리 시 유지보수 접속을 위한 IP만 접근 가능하도록 설정하고 있는가?**
  ex) admin 계정 xxx.xxx.xxx.xxx/32 IP만 접근 허용

조치 방법

아래는 일반적인 조치 방법으로 유지보수 계약중인 홈네트워크사에서 영향도 검토 후 방화벽 정책 설정

① 방화벽 웹 관리자 페이지 접근 및 로그인

② 계정 메뉴에서 계정별 접속 허용 IP 설정

※ 추가 보안대책으로 네트워크 방화벽 정책 설정에서 관리 콘솔 포트로 접속하는 IP를 지정하여 보안을 강화할 수 있음

NW-5 벤더에서 제공하는 최신 업데이트 적용

보안 위협

장비의 운영체제 및 보안 기능이 최신 아닌 경우 취약점을 이용한 공격이나 최신 유해 트래픽에 대한 탐지 및 차단이 제대로 이루어지지 않아 내부 시스템의 침해 위험이 존재함

미흡 사례

사례 1 홈네트워크 구축 이후 방화벽 업데이트를 수행하지 않은 경우

사례 2 EOS된 제품을 사용하여 벤더사에서 최신 보안 업데이트를 제공해주고 있지 않은 경우

주요 확인 사항

- **방화벽은 지속적인 유지보수 계약 체결을 통해 최신 버전을 유지하고 있는가?**
- **방화벽에 IDS/IPS 등 침입탐지 및 차단 기능을 제공하는 경우에 한하여 추가 라이선스 적용을 통해 보안을 강화하고 있는가?**
  ex) 단지서버에서 외부에서 접속 가능한 웹 서비스 등을 구동하여 운영 중일 경우 공격 탐지/차단을 위한 IDS/IPS 추가 기능 적용을 권고
- **방화벽이 EOS(End Of Support) 된 제품을 사용하고 있지 않은가?**

조치 방법

방화벽은 제품 제조사 또는 홈네트워크사와의 유지보수 계약을 통해 최신 버전을 유지

① 방화벽 웹 관리자 페이지 접근 및 로그인

② 라이선스 메뉴에서 IPS, 악성코드 필터 등 추가적인 라이선스가 적용 여부 및 최신 업데이트 적용 여부 확인

③ 방화벽은 제조사에 EOS 예정일을 확인하여 EOS 이전 장비 교체 권고

공동주택 홈네트워크 시스템 보안관리 안내서

주요 시스템 보안설정 및 점검 절차

- 서 버 -

2-1 계정 관리 및 권한 검토

SV-1 Guest 계정 및 불필요한 계정 비활성화

- Guest 계정은 임시로 사용이 필요한 계정으로, 불필요하게 활성화 된 경우 권한이 없는 사용자가 시스템에 익명으로 접근할 수 있으므로, "계정 사용 안함" 설정을 통해 비활성화 필요

Windows

[확인 및 조치방법]
시작 → 실행 → "LUSRMGR.MSC" → 사용자 → Guest 설정

- 불필요한 계정은 장기간 방치로 인해 사용중인 계정보다 상대적으로 관리가 취약하고, 무작위 대입 공격 등에 의하여 계정이 탈취될 수 있으므로, 미사용 또는 불필요한 계정 삭제 필요

Windows

[확인 및 조치방법]
시작 → 실행 → "LUSRMGR.MSC" → 사용자 → 불필요 계정 확인 및 삭제

Linux

[확인방법]
#cat /etc/passwd

[조치방법]
#userdel <user_name>

SV-2 사용 목적별 계정 분리

- 단일 계정으로 서비스 운영, 관리사무소 관리자 접속, 유지보수 담당자 접속 등 계정을 공유하여 사용하는 경우 장애, 침해사고 발생 시 원인분석을 위한 책임 추적성 확보에 어려움이 따르므로 사용자, 목적별 계정 분리 필요

Windows

[조치방법]
시작 → 실행 → "LUSRMGR.MSC" → 사용자 → 새 사용자

Linux

[조치방법]]
#useradd <user_name>
#passwd <user_name>

SV-3 root 등 계정의 동일한 UID 사용 금지

- 중복된 UID를 사용하는 경우 시스템에서 동일한 사용자로 인식하여 소유자의 권한을 획득 할 수 있으며, 책임 추적성 확보에 어려움이 존재하므로 사용자별 유일한 UID를 사용하여야 함

Linux

[확인방법]
#cat /etc/passwd

[조치방법]
- "/etc/passwd" 파일 내 중복 UID 확인 (세 번째 필드 값) 및 usermod 명령으로 UID 수정
- #usermod –u <변경할 UID값> <user_name>

SV-4 관리자 그룹에 최소한의 계정 포함

- root, Administrator와 같은 관리자 그룹에 속한 구성원은 컴퓨터 시스템에 대한 완전한 제어권한을 가지게 되며, 일반 사용자 계정을 관리자 그룹에 포함 시키는 경우 계정 탈취 시 시스템 계정 정보, 설정 파일 변조가 가능해지므로 관리자 권한을 가지는 사용자 계정을 최소화 필요

Windows

[확인 및 조치방법]
시작 → 실행 → "LUSRMGR.MSC" → 그룹 → Administrator → 불필요한 사용자 권한 제거

Linux

[확인방법]
#cat /etc/group → "/etc/group" 파일 내 root 그룹에 등록된 불필요한 계정 확인

[조치방법]
Step 1) vi 편집기를 이용하여 "/etc/group" 파일 열기
Step 2) root 그룹에 등록된 불필요한 계정 삭제

SV-5 로그인이 불필요한 기본 계정의 쉘 부여

- 로그인이 불필요한 계정은 OS 설치 시 기본 생성되는 계정으로, 쉘이 설정되어 있을 경우, 공격자는 기본 계정들을 이용하여 시스템 명령어를 실행 할 수 있으므로, 로그인이 불필요한 계정에 쉘 설정 제거 필요

Linux

[확인방법]
#cat /etc/passwd | egrep "^daemon|^bin|^sys|^adm|^listen|^nobody|^nobody4|^noaccess| ^diag|^operator|^games|^gopher" | grep –v "admin"

[조치방법]
Step 1) vi 편집기를 이용하여 "/etc/passwd" 파일 열기
Step 2) 로그인 쉘 부분인 계정 맨 마지막에 /bin/false(/sbin/nologin) 부여 및 변경

SV-6 Administrator 계정 이름 변경

- 시스템 접속 권한 탈취를 위하여 계정, 패스워드 두 가지 정보가 필요하나, 관리자 계정으로 잘 알려진 Administrator를 변경하지 않고 사용하는 경우 패스워드 크랙 공격만으로도 권한 탈취가 가능하므로 Administrator 계정 이름 변경 사용 필요

Windows

[확인 및 조치방법]
Step 1) 시작 → 제어판 → 관리도구 → 로컬 보안 정책 → 로컬 정책 → 보안옵션
Step 2) "계정: Administrator 계정 이름 바꾸기"를 유추하기 어려운 계정 이름으로 변경

SV-7 Everyone 사용 권한을 익명 사용자에게 적용

- 권한이 없는 사용자가 익명으로 계정 이름 및 공유 리소스를 나열하는 등 Everyone 권한을 사용하여 습득한 정보로 암호를 추측하거나, 공격에 활용할 수 있으므로, Everyone 사용 권한을 익명사용자에게 "사용안함" 설정 필요

Windows

[확인 및 조치방법]
Step 1) 시작 → 실행 → SECPOL.MSC → 로컬 정책 → 보안 옵션
Step 2) "Everyone 사용 권한을 익명 사용자에게 적용" 정책이 "사용 안 함"으로 설정

2-2 관리자, 사용자 디렉토리 권한 적정성

SV-8 root 홈, 패스 디렉토리 권한 및 패스 설정

- root 계정의 PATH 환경변수에 "."(마침표)가 포함되어 있는 경우, 명령어 입력 시 의도치 않은 경로를} 참조하여 악성코드 및 악의적 기능이 실행 가능하므로, PATH 환경변수 중 "."(마침표)가 맨 앞이나 중간에 포함되지 않도록 설정

Linux

[확인방법]
#echo $PATH
/usr/local/sbin:/sbin:/usr/sbin:/bin:/usr/bin/X11:/usr/local/bin:/usr/bin:/usr/X11R6/bin:/root/bin

[조치방법]
Step 1) vi 편집기를 이용하여 root 계정의 설정파일(~/.profile 과 /etc/profile) 열기
#vi /etc/profile

Step 2) 아래와 같이 수정
(수정 전) PATH=.:$PATH:$HOME/bin
(수정 후) PATH=$PATH:$HOME/bin:.

SV-9 홈디렉토리 소유자 및 권한 설정

- 사용자별 홈디렉토리에 소유자 이외 타사용자가 권한을 부여 받는 경우, 비인가자에 의해 설정파일 및 디렉토리의 파일에 접근할 수 있으므로 홈디렉토리는 인가된 사용자 이외에 Everyone, 타사용자의 권한 회수 필요

Windows

[확인 및 조치방법]

Step 1) C:₩Users(사용자)₩<사용자 계정>

Step 2) 오른쪽 클릭 → 속성 → 보안탭 → 사용자에 대한 권한 외 일반 계정 삭제

Linux

[확인방법]

#cat /etc/passwd

/usr/local/sbin:/sbin:/usr/sbin:/bin:/usr/bin/X11:/usr/local/bin:/usr/bin:/usr/X11R6/bin:/root/bin

[조치방법]

Step 1) 홈디렉토리 소유자

#chown <user_name> <user_home_directory>

Step 2) 홈디렉토리 권한 변경

#chmod o-w <user_home_directory>

SV-10 사용자, 시스템 환경파일 소유자 및 권한 설정

- 홈디렉토리 내 사용자별 사용자 프로필 파일, 시스템 시작파일 등 환경변수 파일의 접근권한 설정이 적절하지 않을 경우 비인가자가 환경변수 파일을 변조하여 정상 사용중인 서비스 사용이 제한 될 수 있으므로, root 또는 해당 계정으로 소유자 지정 및 쓰기 권한 부여 필요

Linux

[확인방법]

#ls –l <사용자, 시스템 환경파일*>

*".profile", ".kshrc", ".cshrc", ".bashrc", ".bash_profile", ".login", ".exrc", ".netrc" 등

[조치방법]

Step 1) 사용자, 시스템 환경파일 소유자 변경

- 소유자 변경 : #chown <user_name> <file_name>

Step 2) 사용자, 시스템 환경파일 권한 변경

-일반 사용자 쓰기 권한 제거 : #chmod o-w <file_name>

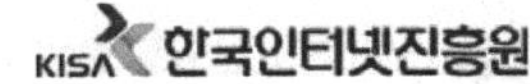

SV-11 파일 및 디렉토리 소유자 설정

- 작업 후 삭제된 계정의 파일과 같이 소유자가 불분명한 파일이나 디렉토리가 존재하는 경우, 비인가자가 소유자가 존재하지 않는 파일의 UID값으로 변경하여 해당 파일을 수정 및 실행이 가능하므로, 검토 후 불필요한 파일 삭제 및 적절한 소유자 및 그룹 권한 변경 필요

Linux

[확인방법]
#find / -nouser –o –nogroup –xdev –ls 2 > /dev/null

[조치방법]
Step 1) 소유자가 존재하지 않는 파일이나 디렉토리가 불필요한 경우 rm 명령으로 삭제
#rm <file_name>
#rm <directory_name>

Step 2) 필요한 경우 chown 명령으로 소유자 및 그룹 변경
#chown <user_name> <file_name>

SV-12 공유 권한 및 사용자 그룹 설정

- Everyone 권한을 부여한 공유 디렉토리가 존재하는 경우, 익명 사용자 접근이 가능하여 내부 정보 유출 및 악성코드 감염 우려가 존재하므로 지정된 사용자만 허용하고, Everyone 권한 삭제

Windows

[확인 및 조치방법]
Step 1) 시작 → 실행 → FSMGMT.MSC → 공유
Step 2) Everyone으로 된 공유폴더를 제거하고 접근이 필요한 계정의 적절한 권한 추가

SV-13 하드디스크 기본 공유 제거

- Windows 환경에서 자동으로 생성되는 관리목적 숨김 공유 디렉토리($)가 활성화되어 있는 경우, 해당 디렉토리를 통해 악성코드 감염 및 전파가 이루어질 수 있으므로 비활성화 필요

Windows

[확인 및 조치방법]
Step 1) 시작 → 실행 → FSMGMT.MSC → 공유 → 기본 공유폴더 선택 → 우클릭 → 공유 중지

Step 2) 시작> 실행> REGEDIT 아래 레지스트리 값을 0으로 수정함
(키 값이 없을 경우 새로 생성함)
"HKLM₩SYSTEM₩CurrentControlSet₩Services₩lanmanserver₩parameters ₩AutoShareServer"(Windows NT일 경우: AutoShareWks)

Step 3) 재부팅 후 해당 방법으로 조치가 되지 않는 경우
관리PC 보안설정 2-1. 공유폴더 제거 참고

2-3 권한상승 및 불필요한 파일 관리

SV-14 SUID, SGID, Sticky bit 설정 파일 점검

- 악의적인 사용자가 무작위 대입공격 등을 통해 일반 사용자 권한을 탈취하여, SUID, SGID가 설정된 파일을 통해 파일 소유자, 그룹의 권한을 얻게 되므로, 불필요하게 설정된 SUID, SGID 권한 삭제 필요

Linux

[확인방법]

```
#find / -user root -type f ₩( -perm -04000 -o -perm -02000 ₩) -xdev -exec ls –al {} ₩;
```

[조치방법]

Step 1) SUID/SGID 제거

```
#chmod -s <file_name>
```

Step 2) 반드시 필요한 경우 임의의 그룹만 사용 가능하도록 제한하는 방법

```
#/usr/bin/chgrp <group_name> <setuid_file_name>
#/usr/bin/chmod 4750 <setuid_file_name>
```

SV-15 World Writable 파일 점검

- World Writable 설정된 파일이 존재하는 경우, 일반 사용자, 악의적인 사용자가 해당 파일을 수정이 가능하여, 악성코드 삽입 및 실행이 가능하므로, 불필요한 파일에 부여된 쓰기 권한 삭제 필요

Linux

[확인방법]

```
#find /etc –perm -2 –ls | awk '{print $3 " : "$5 " : " $6 " : "$11}'
#find /var –perm -2 –ls | awk '{print $3 " : "$5 " : " $6 " : "$11}'
#find /tmp –perm -2 –ls | awk '{print $3 " : "$5 " : " $6 " : "$11}'
#find /home –perm -2 –ls | awk '{print $3 " : "$5 " : " $6 " : "$11}'
```

[조치방법]

Step 1) 사용이 필요한 파일의 경우 사용자 쓰기 권한 제거 후 사용

```
#chmod o-w <file_name>
```

Step 2) 확인된 World Writable 파일은 사용 목적을 검토하여 불필요시 삭제

```
#rm -rf <world-writable 파일명>
```

2-4 중요 설정파일 소유자 및 접근권한 관리

※ 중요 설정파일에 필요 이상 사용자 권한이 부여되었는지를 검토하는 것이 주목적으로, 소유자 및 권한은 운영체제별 동작에 요구하는 필수 설정이 다를 수 있으므로, 충분한 테스트 후 적용 필요

SV-16 /etc/hosts 파일 소유자 및 권한 설정

- 관리자(root) 이외에 hosts 파일에 쓰기 권한이 부여된 경우, 공격자는 hosts 파일에 악의적인 시스템 정보를 등록하는 방식으로, 정상적인 DNS를 우회하여 악성 사이트로 접속을 유도하는 공격에 악용 가능하므로, 소유자(root) 이외에 쓰기 권한 회수 필요(소유자 : root, 권한 644 이하 권고)

Linux

[확인방법]
\# ls -al /etc/hosts

[조치방법]
- 소유자 변경 : # chown root /etc/hosts
- 권한 변경 : # chmod 644 /etc/hosts

SV-17 /etc/passwd 파일 소유자 및 권한 설정

- 관리자(root) 이외에 passwd 파일에 쓰기 권한이 부여된 경우, 비인가자가 passwd 파일을 임의로 변조하여 shell 변경, 사용자 추가/삭제 등 root를 포함한 사용자 권한 획득이 가능하므로, 소유자(root) 이외에 쓰기 권한 회수 필요(소유자 : root, 권한 644 이하 권고)

Linux

[확인방법]
\# ls -al /etc/passwd

[조치방법]
- 소유자 변경 : # chown root /etc/passwd
- 권한 변경 : # chmod 644 /etc/passwd

SV-18 /etc/shadow 파일 소유자 및 권한 설정

- 관리자(root) 이외에 shadow 파일에 대한 읽기 권한이 부여된 경우, 비인가자가 shadow파일을 열람하여 root를 포함한 사용자 계정의 암호화된 패스워드를 탈취 및 크랙(Crack)이 가능하므로, 관리자(root) 이외에 모든 권한 회수 필요

Linux

[확인방법]
\# ls -al /etc/shadow

[조치방법]
- 소유자 변경 : # chown root /etc/shadow
- 권한 변경 : # chmod 400 /etc/shadow

SV-19 UMASK 설정 관리(UMASK 022)

- 과도한 umask 값을 설정하는 경우, 생성되는 파일 및 디렉토리에 필요 이상의 권한이 부여되어 생성될 수 있고, 비인가자에 의해 악용될 우려가 높으므로, umask 권한을 022로 설정 필요

Linux

[확인방법]
vi /etc/profile

[조치방법]
vi /etc/profile 내용추가
umask 022
export umask

SV-20 cron 파일 소유자 및 권한 설정

- 주기적, 반복적 명령 실행을 도와주는 cron 관련 파일에 대하여, 일반 사용자 및 과도한 권한을 부여하는 경우, 비인가자에 의하여 주기적 작업이 실행 될 수 있으므로 관리자 이외의 사용자가 crontab 명령어를 사용할 수 없도록 설정 및 crond 관련 파일 수정 제한 필요

Linux

[확인방법]
ls -al /usr/bin/crontab

[조치방법]
- 소유자 변경 : # chown root <cron 관련 파일>
- 권한 변경 : # chmod 640 <cron 관련 파일>

※ 권한 변경이 불가능한 경우, cron.allow 파일을 생성하여 필요한 사용자만 등록 후 사용

cron 관련 파일 위치(예:Linux)		
/etc	**crontab**	예약 작업 등록 파일
	cron.hourly	시간 단위 실행 스크립트
	cron.daily	일 단위 실행 스크립트
	cron.weekly	주 단위 실행 스크립트
	cron.monthly	월 단위 실행 스크립트
	cron.allow	crontab 명령어 허용 사용자
	cron.deny	crontab 명령어 차단 사용자
/var/spool/cron 또는 /var/spool/cron/crontabs/		사용자별 설정된 cron 작업목록

SV-21 /etc/(x)inetd.conf 파일 소유자 및 권한 설정

- xinetd.conf 파일에 소유자 외 쓰기 권한이 부여된 경우, 일반 사용자가 xinetd.conf 파일에 등록된 서비스를 변조하거나 악의적 프로그램(서비스)을 등록할 수 있으므로, 소유자 이외 권한 회수 필요

Linux

[확인방법]
#ls –al /etc/inetd.conf
#ls –al /etc/xinetd.conf
#ls –al /etc/xinetd.d/*

[조치방법]
- 소유자 변경 : # chown root /etc/inetd.conf 또는 xinetd.conf 또는 xinetd.d/*
- 권한 변경 : # chmod 600 /etc/inetd.conf 또는 inetd.conf 또는 xinetd.d/*

※ "/etc/xinetd.d/" 하위 디렉토리에 취약한 파일도 위와 동일한 방법으로 조치

SV-22 /etc/syslog.conf 파일 소유자 및 권한 설정

- syslog.conf 파일에 과도한 권한이 부여된 경우, 비인가자가 로그 설정 정보를 변경하여, 로그를 기록하지 않도록 설정하거나, 대량의 로그를 기록하게 하여 시스템 과부하 유도가 가능하므로, 불필요한 사용자 및 과도한 권한이 부여되지 않도록 설정 필요

Linux

[확인방법]
ls –al /etc/syslog.conf
ls –al /etc/rsyslog.conf

[조치방법]
- 소유자 변경 : # chown root /etc/syslog.conf 또는 rsyslog.conf
- 권한 변경 : # 640 /etc/syslog.conf 또는 rsyslog.conf

SV-23 /etc/services 파일 소유자 및 권한 설정

- Services 파일의 접근권한이 과도하게 부여된 경우 비인가 사용자가 운영 포트번호를 변경하여 정상적인 서비스를 제한하거나, 허용되지 않은 포트를 오픈하여 악성 서비스를 의도적으로 실행이 가능하므로 불필요한 사용자 및 과도한 권한이 부여되지 않도록 설정 필요

Linux

[확인방법]
ls –al /etc/services

[조치방법]
- 소유자 변경 : # chown root /etc/services
- 권한 변경 : # chmod 644 /etc/services

SV-24 at 파일 소유자 및 권한 설정

- 예약된 작업 명령 실행을 도와주는 at 관련 파일(allow, deny)에 대하여, 일반 사용자 및 과도한 권한을 부여하는 경우, 비인가자에 의하여 예약 작업이 실행 될 수 있으므로 관리자 이외의 사용자가 at 명령어를 사용할 수 없도록 설정 및 at 관련 파일 수정 제한 필요

Linux

[확인방법]
ls -al /usr/bin/at

[조치방법]
- 소유자 변경 : # chown root <at 관련 파일>
- 권한 변경 : # chmod 640 <at 관련 파일>

cron 관련 파일 위치(예:Linux)		
/etc	at.allow	at 명령어 허용 사용자
	at.deny	at 명령어 차단 사용자

SV-25 서버 로그온 시 버전 정보 노출

- Telnet, FTP 서비스 등 로그인 메시지가 기본 설정되어 있는 경우, 서비스 접속 시 서버 OS 버전정보 노출 등 불필요한 정보가 노출 될 수 있으므로, 임의 값으로 변경 설정 필요

Linux

[확인 및 조치방법]
- 서버 로그온 메시지 설정 : # vi /etc/motd → 경고 메시지 입력
- Telnet 배너 설정 : # vi /etc/issue.net → 경고 메시지 입력
- FTP 배너 설정 : # vi /etc/vsftpd/vsftpd.conf
  · ftpd_banner="경고 메시지 입력"
- SMTP 배너 설정 : # vi /etc/mail/sendmail.cf
  · Smtp GretingMessage = "경고 메시지 입력"
- DNS 배너 설정 : # vi /etc/named.conf → 경고 메시지 입력

SV-26 Autologon 비활성화

- Autologon 기능을 활성화 하는 경우, 악의적 사용자가 Autologon 관련 레지스트리(Default Password) 값을 통해 로그인 계정 및 패스워드가 유출이 가능하므로 해당 기능 비활성화 필요

Windows

[확인 및 조치방법]
Step 1) 시작 → 실행 → REGEDIT → HKLM₩SOFTWARE₩Microsoft₩WindowsNT ₩Current Version₩Winlogon

Step 2) "AutoAdminLogon 값"이 "1"인 경우 → "0"으로 설정

Step 3) DefaultPassword 엔트리가 존재한다면 삭제

SV-27 SAM 파일 접근 통제 설정

- Windows 사용자 계정 및 패스워드를 관리하고, LSA를 통한 인증을 제공하는 SAM 파일에 대한 권한이 과도하게 설정된 경우, 비인가자가 해당 파일에 포함된 계정 및 패스워드 데이터 탈취가 가능하므로 관리자, System 그룹 외 다른 권한 회수 필요

Windows

[확인 및 조치방법]
Step 1) %systemroot%₩system32₩config₩SAM → 속성 → 보안

Step 2) Administrator, System 그룹 외 다른 사용자 및 그룹 권한 제거

2-5 불필요한 서비스 및 스케줄러

SV-28 불필요한 서비스 비활성화

- 시스템 주 서비스 제공 목적 이외에 불필요한 서비스가 존재하는 경우, 해당 서비스로 인한 불필요한 서비스 포트 개방 및 취약점 노출로 인해 외부의 침입 가능성이 증가하므로, 필수 서비스 이외에 비활성화 필요

Windows

[확인방법]
- 시작 → 실행 → taskmgr → 세부정보 탭

Linux

[확인방법]
ps -ef

SV-29 예약된 작업 중 불필요한 작업 검토 및 비활성화

- 시스템에 악성코드 감염 시 시작 프로그램, 예약된 작업을 통해 백도어, 채굴형 악성코드 등을 지속적으로 실행시키므로 주기적으로 검토하여 불필요한 부분이 확인되면 제거하는 등 관리 필요

Windows

[확인방법]
- 시작 → 실행 → taskmgr → 시작프로그램
- 시작 → 실행 → control schedtasks → 작업 스케줄러

Linux

[확인방법]
cat /etc/crontab

2-6 원격접속 및 터미널 서비스 관리

SV-30 원격접속 터미널 사용자 및 그룹 제한

- 원격접속 터미널 접속에 대한 범위를 과도하게 지정하는 경우, 운영체제의 모든 기능 사용 및 설정 변경이 가능하므로, 관리자 계정의 직접 접속 권한을 제거하고 지정 된 사용자만 접근할 수 있도록 접근 통제 필요

Windows

[확인방법]
제어판 → 시스템 → 원격 설정 → [원격] → [원격 데스크톱] 메뉴 → "사용자 선택" → 원격 허용 사용자 확인

[조치방법]
Step 1) 제어판 → 사용자 계정 → 계정 관리 → 관리자 계정 이외의 계정 생성
Step 2) 제어판 → 시스템 → 원격 설정 → [원격] 탭 → [원격 데스크톱] 메뉴 → "사용자 선택" 에서 생성한 원격 사용자 지정 → 확인

Linux

[확인방법]
#cat /etc/sshd_config
"PermitRootLogin" 옵션의 no 또는 yes 설정 확인

[조치방법]
#vi /etc/sshd_config →"PermitRootLogin no" 수정

SV-31 원격접속 터미널 보안 설정

- 기본 원격접속 터미널 포트 사용시 자동화 공격 도구에 쉽게 노출될 수 있으며, 서버 원격접속 작업 중 장시간 자리 이석 시 비인가자가 악의적인 목적으로 명령어를 입력하여 서버에 영향을 미칠 수 있으므로 원격접속 터미널에 대한 보안 설정 적용 후 사용 필요
- 원격 접속 타임아웃(30분 이내 권고), 인증 실패 임계값 설정(10회 이하) 등

Windows

[확인 및 조치방법]
Step 1) 시작 → 실행 → GPEDIT.MSC(로컬 그룹 정책 편집기)
Step 2) 컴퓨터 구성 → 관리 템플릿 → Windows 구성 요소 → 터미널 서비스 → 원격 데스크톱 세션 호스트 → 보안
Step 3) [클라이언트 연결 암호화 수준 설정] → [암호화 수준]을 클라이언트 호환 가능 설정

Linux

[확인방법]
#cat /etc/sshd_config

[조치방법]
#vi /etc/sshd_config

- 타임아웃 설정 :
  · TCPKeepAlive yes
  · ClientAliveInterval 600 클라이언트의 연결 확인 간격 시간(초))
  · ClientAliveCountMax 3 클라이언트의 응답 부재 시 확인 횟수(회)
- 포트번호 변경 : Port 22 → Port <변경 할 포트번호>
- 임계값 설정 : #MaxAuthTries 3 → MaxAuthTries <변경할 임계값>

SV-32 불명확한 출처로부터의 접속 기록 검토

▪ 원격 접속 및 원격 터미널 서비스를 사용하는 경우, 장기간 무작위 대입 공격, 정보유출에 의해 시스템 접속 권한이 탈취 될 수 있으므로, 주기적으로 관리자 접속 이외에 불명확한 접속 기록이 존재하는지 검토 필요

Windows

[확인방법]
- 시작 → 실행 → eventvwr.msc → Windows로그 → 보안

Linux

[확인방법]
last

2-7 주요 어플리케이션 보안

SV-33 NFS 서비스 사용여부 및 NFS 접근통제

▪ NFS 서비스는 서버의 드라이브를 공유하는 서비스로, 불필요하게 활성화하거나, 취약한 설정 시 비인가자가 원격으로 마운트하여 디렉토리나 파일에 접근을 통해 데이터를 탈취하여 2차 공격에 악용할 수 있으므로, 미사용시 비활성화하고 불가피하게 사용이 필요한 경우 특정 사용자로 제한 필요

Linux

[확인 및 조치방법]
Step 1) /etc/dfs/dfstab(또는 /etc/exports)의 모든 공유 제거

Step 2) NFS 서비스 데몬 중지
#kill –9 [PID]

Step 3) 시동 스크립트 삭제 또는, 스크립트 이름 변경
1. 위치 확인
#ls –al /etc/rc.d/rc*.d/* | grep nfs

2. 이름 변경
#mv /etc/rc.d/rc2.d/S60nfs /etc/rc.d/rc2.d/_S60nfs

SV-34 FTP 서비스 접근 권한 및 보안설정

- FTP 사용 시 비인가 사용자 접근으로 파일 정보유출 위험이 존재하므로 익명 사용자 접속 제한, 접속허용 디렉토리 설정, FTP 설정 파일 접근권한을 관리자(root)로 제한하는 등 보안 설정 필요

Windows

[확인 및 조치 방법 – 디렉토리 접근권한 설정]
Step 1) 제어판 → 관리도구 → 인터넷 정보 서비스(IIS) 관리 → 사이트 해당 FTP 사이트 → FTP권한 부여 규칙 선택
Step 2) 허용 권한 부여 규칙에서 [지정한 사용자] 지정

[확인 및 조치 방법 - Anonymous FTP 사용 금지 설정]
Step 1) 제어판 → 관리도구 → 인터넷 정보 서비스(IIS) 관리 → 해당 FTP 사이트 → FTP 인증 선택
Step 2) FTP 인증 화면에서 익명 인증 사용 안함 설정

Linux

[확인방법 - ftp 계정 존재 여부 및 /bin/false 부여 확인]
#cat /etc/passwd

[조치방법 – Anonymous FTP 접속 제한 설정]
Case 1) 일반 FTP - Anonymous FTP 접속 제한 설정 방법
"/etc/passwd" 파일에서 ftp 또는, anonymous 계정 삭제

Case 2) ProFTP - Anonymous FTP 접속 제한 설정 방법
conf/proftpd.conf 파일의 anonymous 관련 설정 중 User, Useralias 항목 주석처리
(proftpd.conf 파일의 위치는 운영체제 종류별로 상이함)
<Anonymous ~ftp> <- Anonymous 설정 구간
User ftp <- anonymous로 사용되는 계정
Group ftp
UserAlias anonymous ftp <- 별칭으로 사용되는 계정

Case 3) vsFTP - Anonymous FTP 접속 제한 설정 방법
vsFTP 설정파일("/etc/vsftpd/vsftpd.conf" 또는, "/etc/vsftpd.conf")에서
anonymous_enable=NO 설정

[조치방법 - FTP 계정 쉘 접속 제한 설정]
Step 1) vi 편집기를 이용하여 "/etc/passwd" 파일 열기
Step 2) ftp 계정의 로그인 쉘 부분인 계정 맨 마지막에 /bin/false 부여 및 변경
* Step 2 로 적용이 되지 않을 경우 Step3의 usermod 명령어를 사용하여 쉘 변경
Step 3) # usermod –s /bin/false [계정ID] 부여로 변경 가능

SV-35 관리자페이지 취약한 인증정보 사용

- 시스템, 서비스 납품 시 초기 설정값을 변경하지 않고 사용하는 경우, 악의적 사용자가 검색엔진을 통한 초기 인증정보 획득 또는 무작위 대입공격을 통해서 관리자 권한이 탈취 될 수 있으므로, 최초 로그인 시 패스워드를 필수로 변경하여 사용

2-8 악성코드 탐지·예방 활동

SV-36 악성코드 은닉·탐지 도구 설치 및 업데이트

- 백신 또는 악성코드 탐지 도구가 설치되지 않은 경우 랜섬웨어, 채굴 등 신종 악성코드에 의한 시스템 공격 탐지가 어려우므로 백신 또는 악성코드 탐지도구 운영 및 정책 최신 업데이트 필요

2-9 로그 기록 및 보관

SV-37 시스템 가동 로그 기록

- 시스템 운영 중 발생하는 장애 및 침해사고에 대한 침투경로, 행위 등 원인 분석을 위하여, 시스템 접속기록, 보안 이벤트 로그, 응용 프로그램 등 시스템 로그에 대하여 기록 필요

Windows

[확인방법]
- 시작 → 실행 → secpol.msc → 로컬 정책 → 감사 정책

[조치방법]
- 시작 → 실행 → secpol.msc → 로컬 정책 → 감사 정책
- [감사 정책 권고 기준]에 따라 정책 설정

※ 서비스 형태에 따라 과도한 로그 생성이 발생하여 시스템 성능에 영향을 줄 수 있으므로, 영향도 검토 후 책임 추적성을 확보하는 범위 내에서 적절한 감사 설정 필요

감사 정책 권고 기준

감사 정책	설정	고급 감사 정책	설정
개체 액세스 감사	감사 안함	-	감사 안함
계정 관리 감사	성공	사용자 계정 관리 컴퓨터 계정 관리 보안 그룹 관리	성공 성공 성공
계정 로그온 이벤트 감사	성공	자격 증명 유효성 검사 Kerberos 서비스 티켓 작업 Kerberos 인증서비스	성공 성공 성공
권한 사용 감사	감사 안함	-	감사 안함
디렉토리 서비스 액세스 감사	성공	디렉토리 서비스 액세스	성공
로그온 이벤트 감사	성공, 실패	로그온 로그오프 계정 잠금 특수 로그온 네트워크 정책 서버	성공, 실패 성공 성공 성공 성공, 실패
시스템 이벤트 감사	성공, 실패	보안 상태 변경 시스템 무결성 기타 시스템 이벤트	성공 성공, 실패 성공, 실패
정책 변경 감사	성공	감사 정책 변경 인증 정책 변경	성공 성공
프로세스 추적 감사	감사 안함	-	감사 안함

Linux

[확인 및 조치방법]

Step 1) vi 편집기를 이용하여 "/etc/syslog.conf" 파일 확인 및 수정

#vi /etc/syslog.conf

***.info;mail.none;authpriv.none;cron.none**	/var/log/messages
authpriv.*	/var/log/secure
kern.*	/var/log/kern.log
mail.*	/var/log/maillog
cron.*	/var/log/cron
***.alert**	/dev/console
***.emerg**	*

Step 2) vi 편집기를 이용하여 "/etc/logrotate.conf" 파일 확인 및 수정

#vi /etc/logrotate.conf

monthly	- 파일별로 1개월의 로그 저장
rotate 6	- 6개월 분량의 로그 보관
create	- 로그 파일은 매월 새롭게 생성
compress	- 로그 파일 압축해서 보관

※ 참고 : 한눈에 보는 로그설정 노트(KISA 보호나라)

* URL : https://www.krcert.or.kr/data/guideView.do?bulletin_writing_sequence=30141

SV-38 정보시스템 가동기록 6개월 이상 보관

- 해킹사고 시 행위 등 원인 분석을 위해 홈네트워크 관리 시스템을 운영중인 경우에 가동기록을 접속 성공여부와 상관없이 자동적으로 기록 필요

  ※ 시스템에 접속한 일시, 접속자 및 접근을 확인할 수 있는 접근기록 등

2-10 데이터베이스

SV-39 중요 데이터 백업 주기적 실시

- 악의적 사용자에 의한 데이터 삭제 또는 랜섬웨어에 의한 데이터 암호화 발생 시를 대비하여, 시스템 운영 및 복구에 필요한 중요 데이터는 주기적으로 백업 필요

SV-40 접근, 변경, 질의 등 감사 로깅 1년 이상 보관

- 홈네트워크 단지서버에서 운영중인 데이터베이스에 공동주택 세대입주민의 개인정보가 존재할 경우 정보통신망법, 개인정보보호법 등 관련 법령의 준수여부를 확인하여 로그 보관 필요

공동주택 홈네트워크 시스템 보안관리 안내서

관리 PC 보안설정 및 점검 절차

- 시스템 관리 PC -

1 ▪ 계정 관리 및 보안설정

PC-1 운영체제 패스워드 설정

보안 위협

관리PC의 패스워드를 설정하지 않고 사용할 경우, 비교적 외부인 출입이 잦은 관리사무소에 비인가자가 관리PC에 접근하여 주요 시스템 기능을 직접 제어 가능

판단 기준

양 호	패스워드가 적절하게 설정되어 있는 경우
취 약	패스워드가 설정되어 있지 않거나, 취약한 패스워드를 사용하는 경우

점검 방법

1 운영체제 패스워드 설정 확인

- 바탕화면 좌측 하단의 **시작[ ] 버튼** 클릭 → **"실행"** 검색, 또는 **키보드 윈도우키[ ] + R**
- 실행 열기 항목에 **"control Userpasswords"** 입력 및 확인

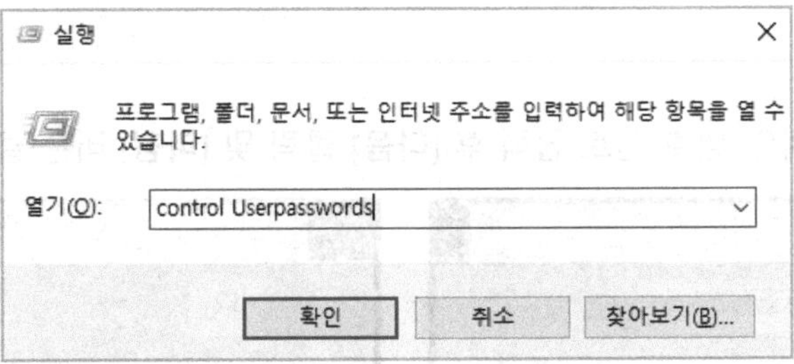

- 패스워드 미설정인 경우, 별도 표시내용 없으며, 패스워드 설정이 된 경우 "암호사용" 표시

[패스워드 미설정 상태]

[패스워드 설정 상태]

조치 방법

1 운영체제 패스워드 설정 확인

- 바탕화면 좌측 하단의 **시작[ ] 버튼** 클릭 → **전원[ ]** 상단에 위치한 **설정[ ] 버튼** 클릭
- Windows 설정 메뉴 중 **[계정]** 클릭

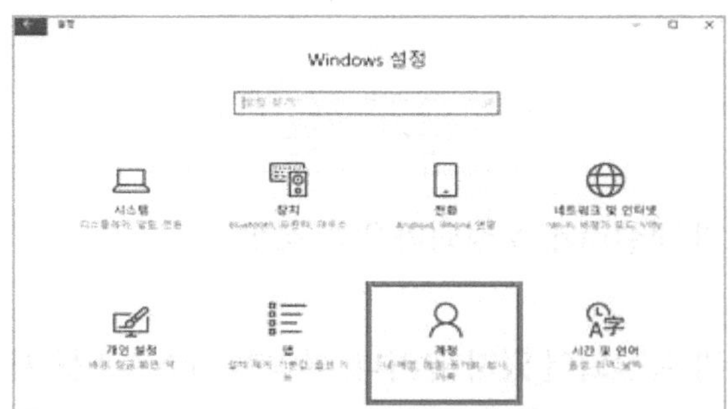

- 좌측 메뉴 중 **[로그인 옵션]** 클릭 → 비밀번호 **[추가]** 버튼 클릭

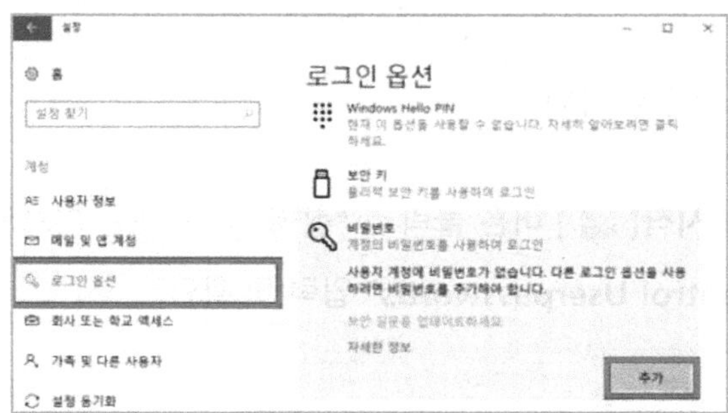

- 새 암호, 비밀번호 확인, 암호 힌트 입력 후 **[다음]** 클릭 및 **[마침]** 버튼 클릭

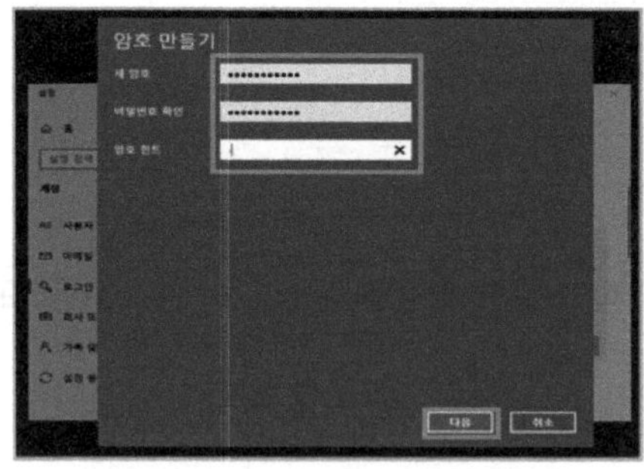

※ 높은 보안 수준의 패스워드 규칙 : 다음 각 항목의 문자 2종류 이상을 조합한 10자리 이상 또는 3종류 이상을 조합한 8자리 이상 패스워드

가 영문 대문자 나 영문 소문자 다 숫자 라 특수문자

PC-2 패스워드 주기적 변경

보안 위협

- 동일한 패스워드를 장기간 사용할 경우 무차별 대입 공격에 의해 인증정보가 노출될 가능성이 있으며, 관리자 계정 정보 유출 시 시스템 접속, 정보유출 등 침해사고 발생 가능

판단 기준

양 호	패스워드를 주기적으로 변경하는 경우(90일 이내)
취 약	패스워드가 장기간 변경되지 않은 경우(90일 이상)

점검 방법

1 운영체제 패스워드 설정 확인

- 바탕화면 좌측 하단의 **시작[ ] 버튼** 클릭 → **"실행"** 검색, 또는 **키보드 윈도우키[ ] + R**
- 실행 열기 항목에 **"cmd"** 입력 및 확인

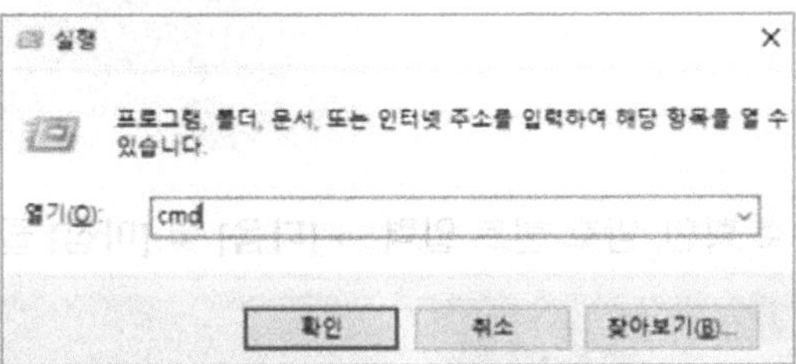

- **"net user %username%"** 입력 및 확인

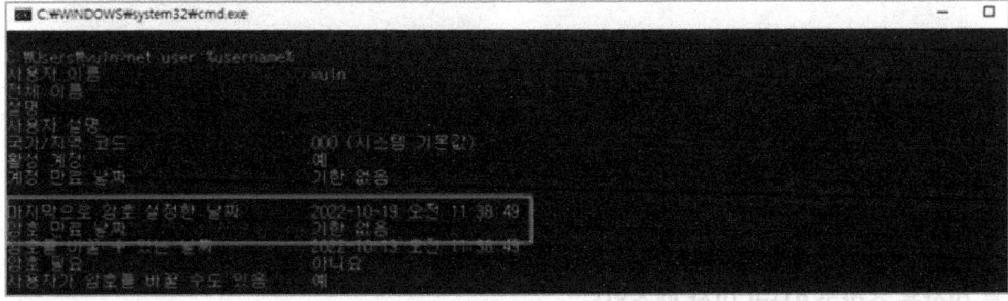

- **마지막으로 암호 설정한 날짜가 3개월, 또는 90일 이상, 암호만료 날짜가 설정되지 않은 경우 취약**

조치 방법

1 운영체제 패스워드 변경

- 바탕화면 좌측 하단의 **시작[ ] 버튼** 클릭 → **전원[ ]** 상단에 위치한 **설정[ ] 버튼** 클릭
- Windows 설정 메뉴 중 **[계정]** 클릭

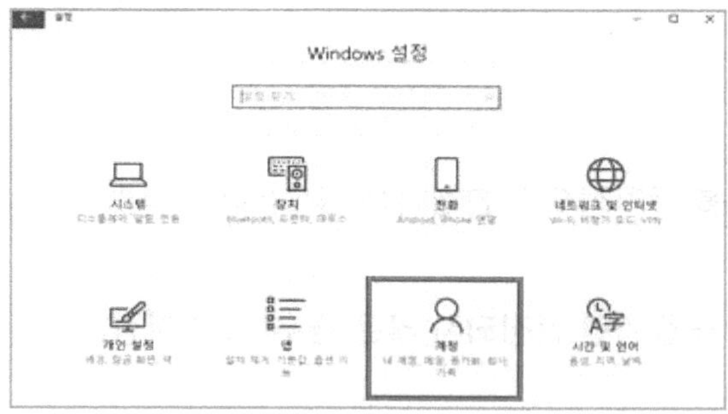

- 좌측 메뉴 중 **[로그인 옵션]** 클릭 및 암호의 **[변경]** 버튼 클릭 → 기존 패스워드 입력 후 **[다음]**

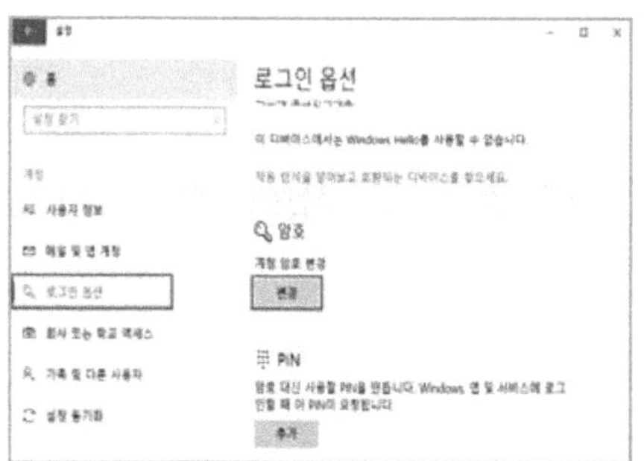

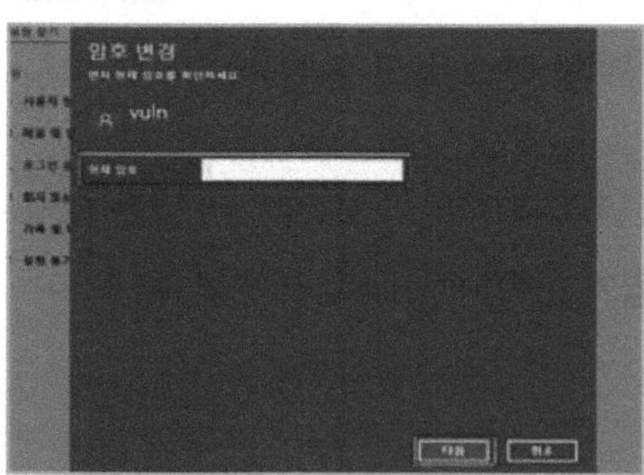

- 변경할 새 암호, 비밀번호 확인, 암호 힌트 입력 → **[다음]** 및 **[마침]** 클릭

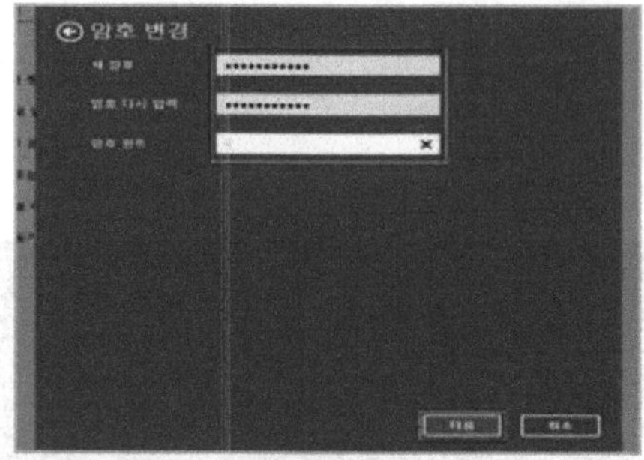

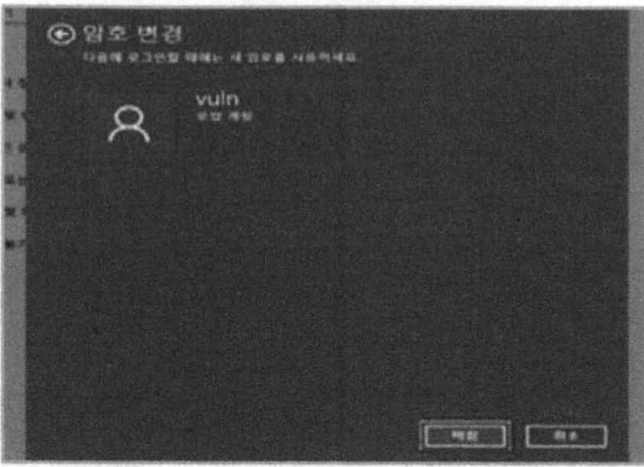

※ 높은 보안 수준의 패스워드 규칙 : 다음 각 항목의 문자 2종류 이상을 조합한 10자리 이상 또는 3종류 이상을 조합한 8자리 이상 패스워드

[가] 영문 대문자 [나] 영문 소문자 [다] 숫자 [라] 특수문자

2 운영체제 패스워드 만료 기한 설정

- 바탕화면 좌측 하단의 **시작[ ] 버튼** 클릭 → **"실행"** 검색, 또는 **키보드 윈도우키[ ]** + R
- 실행 열기 항목에 **"lusrmgr.msc"** 입력 및 확인

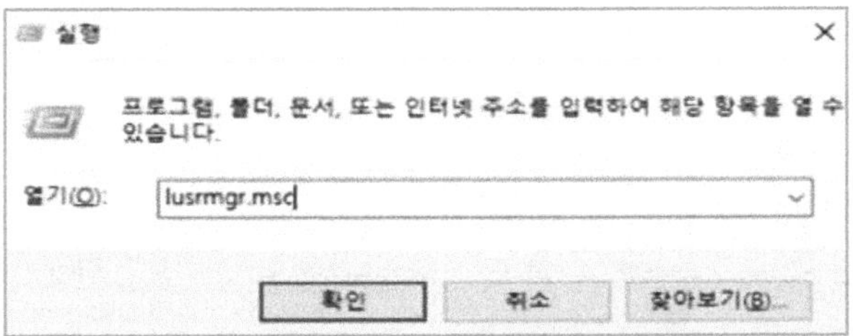

- 좌측 메뉴 중 **[사용자]** 클릭 → 우측 **[사용자 계정(ex. vuln)]** 선택 후 오른쪽 클릭 → **[속성]** 클릭

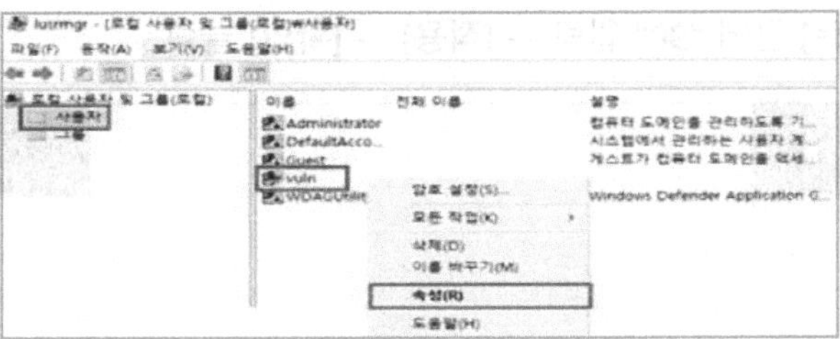

- **[암호 사용 기간 제한 없음]** 설정된 체크박스를 해제 → **[적용]** 버튼 클릭 → **[확인]** 버튼 클릭

[암호 사용기간 제한 없음] 설정 변경 전

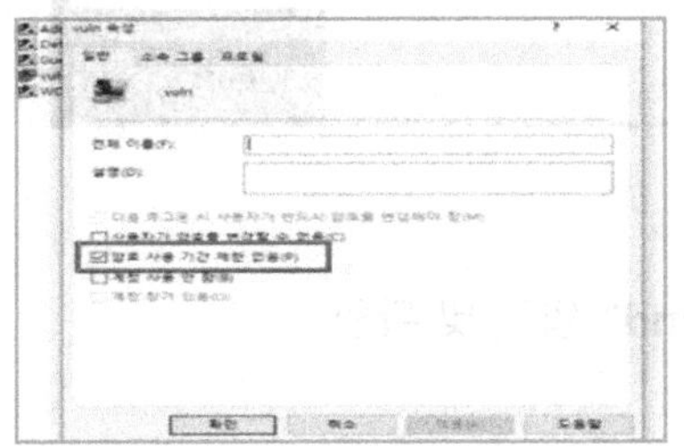

[암호 사용기간 제한 없음] 설정 변경 후

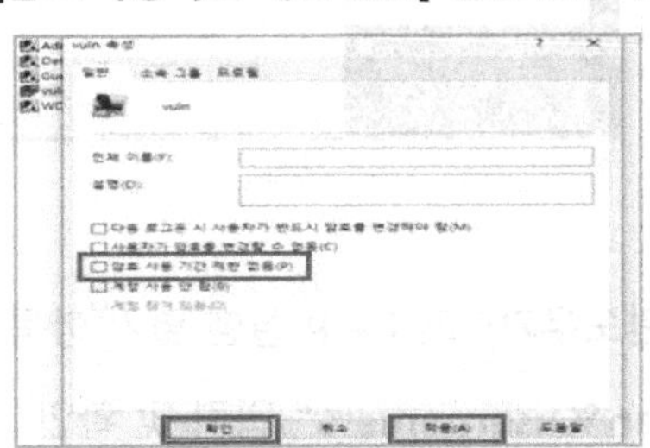

- 바탕화면 좌측 하단의 **시작[ ] 버튼** 클릭 → **"실행"** 검색, 또는 **키보드 윈도우키[ ]** + R
- 실행 열기 항목에 **"secpol.msc"** 입력 및 확인

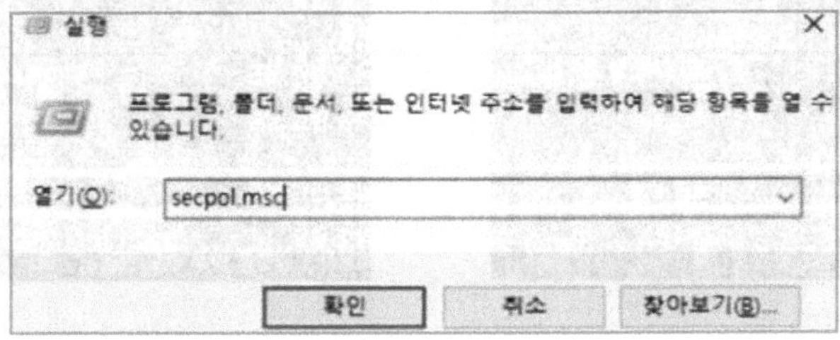

- 로컬 보안 정책의 좌측 메뉴 중 **[계정 정책]** → **[암호 정책]** → **[최대 암호 사용 기간]** 더블클릭

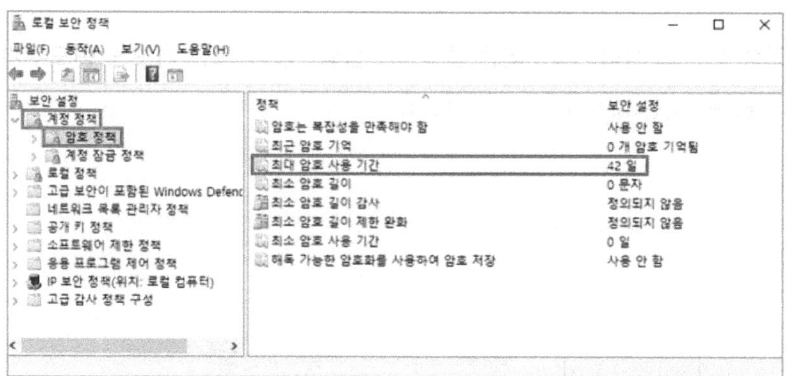

- **[다음 이후 암호 만료]** 칸에 **"90"** 입력 → **[적용]** → **[확인]** 클릭

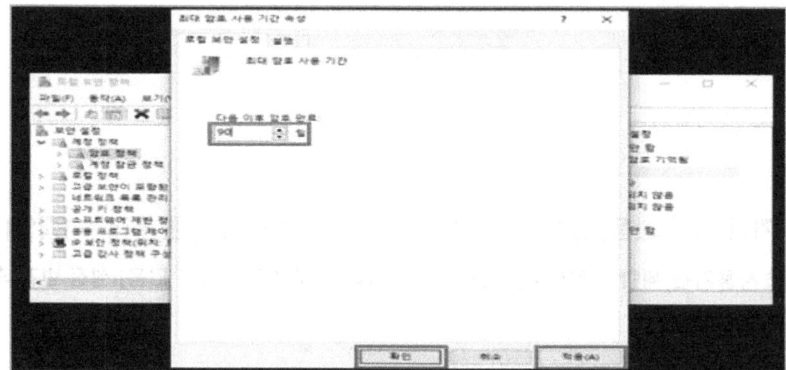

- 키보드 **윈도우키[⊞]** + **R** 실행 열기 항목에 **"cmd"** 입력 및 확인
- **"net user %username%"** 입력 및 확인

[최대 암호 사용 기간] 설정 변경 전

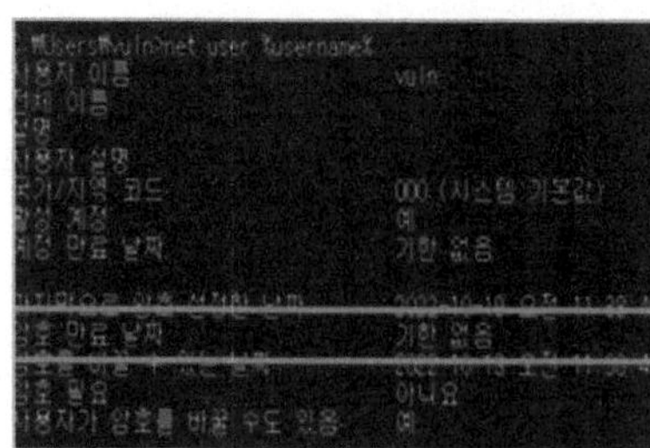

[최대 암호 사용 기간] 설정 변경 후

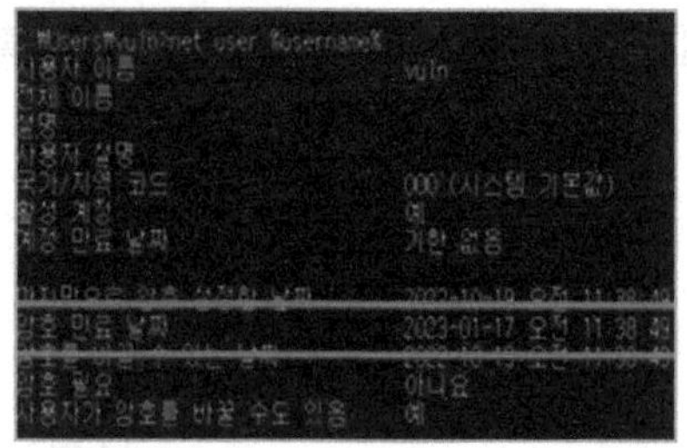

PC-3 화면 보호기 설정 및 해제 시 암호 설정

보안 위협

- 관리PC 사용 후 자리 이석 시 비교적 외부인 출입이 잦은 관리사무소에 비인가자가 관리PC에 접근하여 주요 시스템 기능을 직접 제어 가능

판단 기준

양호	화면 보호기 15분 이내 설정 및 해제 시 로그온 화면 표시
취약	화면 보호기 미설정 또는 해제 시 로그온 화면 미표시

점검 방법

1 화면 보호기 설정 및 해제 시 암호 설정 확인

- 바탕화면 좌측 하단의 **시작[ ] 버튼** 클릭 → **전원[ ]** 상단에 위치한 **설정[ ] 버튼** 클릭
- Windows 설정 메뉴 중 **[개인설정]** 클릭

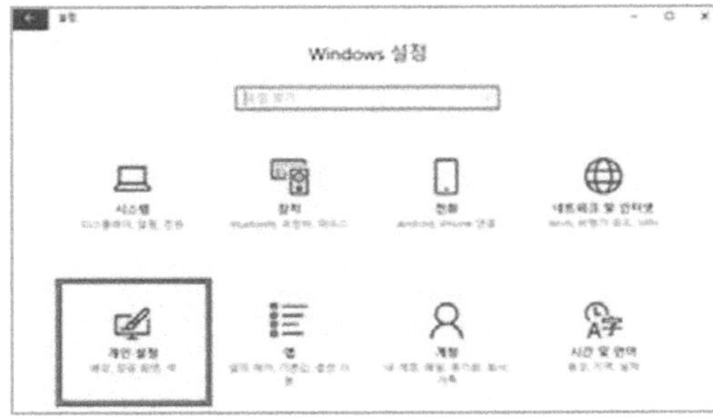

- 좌측 메뉴 중 **[잠금화면]** 클릭 → **[화면 보호기 설정]** 클릭

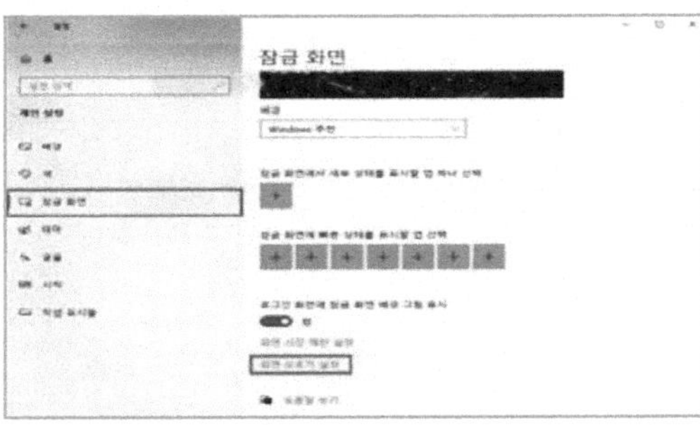

- **화면보호기 설정 및 해제 시 암호 미설정 상태(다시 시작할 때 로그온 화면 표시)**

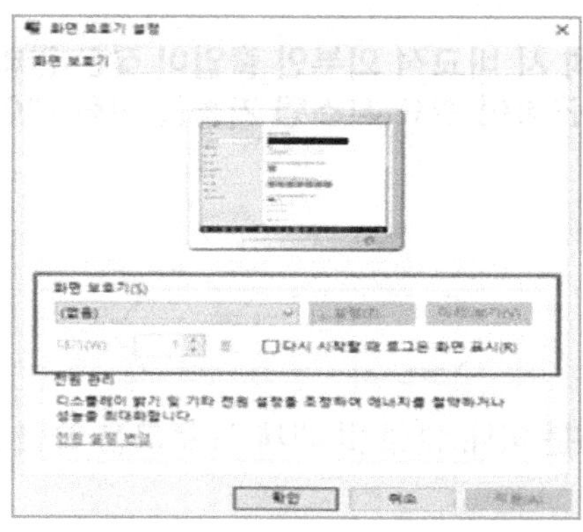

조치 방법

1 화면 보호기 설정 확인

- 바탕화면 좌측 하단의 **시작[ ] 버튼** 클릭 → **전원[ ]** 상단에 위치한 **설정[ ] 버튼** 클릭
- Windows 설정 메뉴 중 **[개인설정]** 클릭

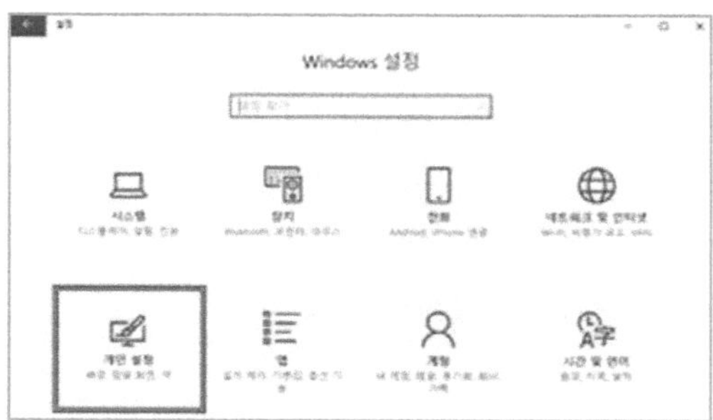

- 좌측 메뉴 중 **[잠금화면]** 클릭 → **[화면 보호기 설정]** 클릭

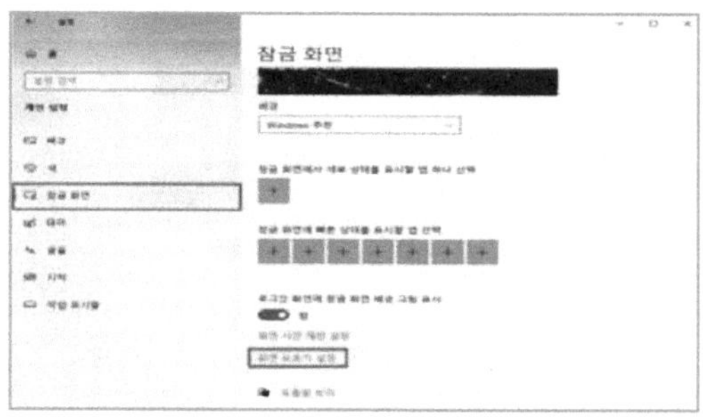

- [다시 시작할 때 로그온 화면 표시] 체크박스 선택(√) → 대기시간 5~15분 설정 → [적용] → [확인]

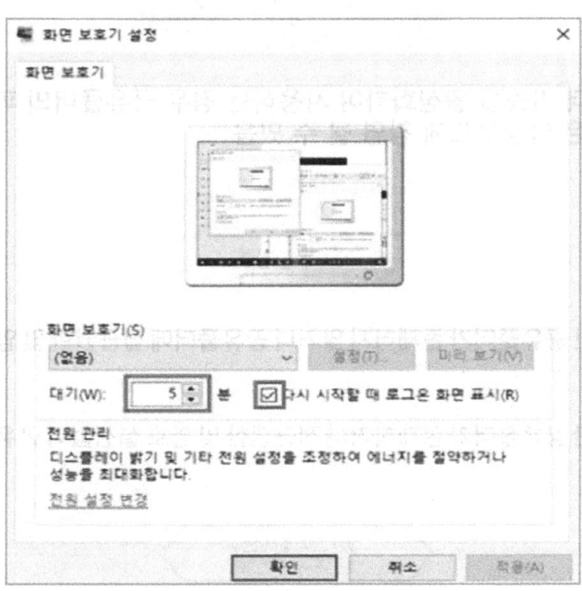

- 화면보호기 설정에서 설정한 일정시간 대기 후, 화면 보호기 및 잠금 화면 실행 확인

[화면 보호기 설정 화면]

[해제 시 암호 설정 화면]

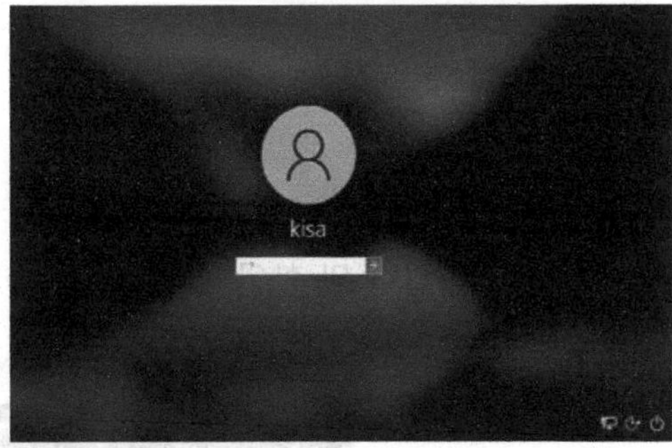

2 ▪ 불필요한 서비스 비활성화

PC-4 공유폴더 제거

보안 위협

관리PC의 공유폴더 기능을 활성화하여 사용하는 경우 공유폴더의 파일(정보)유출 및 랜섬웨어와 같은 악성코드에 감염 될 수 있음

판단 기준

양 호	불필요한 공유폴더가 존재하지 않거나 공유폴더에 접근권한 및 암호가 설정된 경우
취 약	불필요한 공유폴더가 존재하거나 접근권한 및 암호 설정없이 공유폴더를 사용하는 경우

점검 방법

1 공유 폴더 활성화 여부 확인

- 바탕화면 좌측 하단의 **시작[ ] 버튼** 클릭 → **"실행"** 검색, 또는 **키보드 윈도우키[ ] + R**
- 실행 열기 항목에 **"cmd"** 입력 및 확인

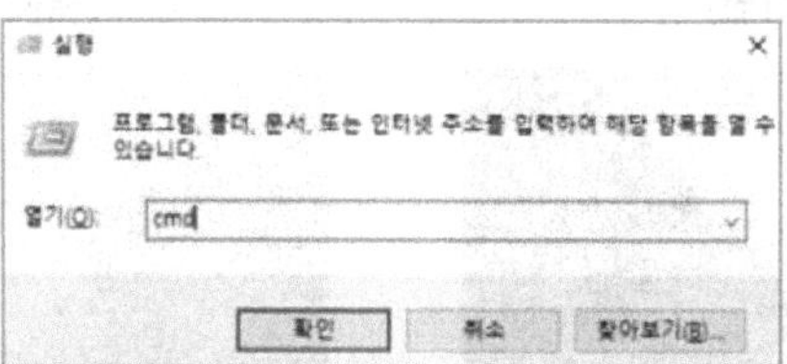

- **"net share"** 입력 및 확인

- **활성화 된 일반 공유 폴더 및 관리목적 공유 폴더(공유이름 마지막 $표시)**

조치 방법

1 공유 폴더 비활성화(설정 삭제)

- 바탕화면 좌측 하단의 **시작[⊞] 버튼** 클릭 → **"실행"** 검색, 또는 **키보드 윈도우키[⊞] + R**
- 실행 열기 항목에 **"notepad"** 입력 및 확인

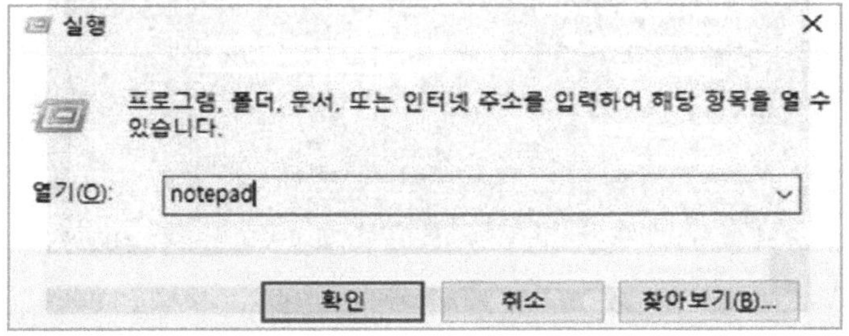

- 메모장에 점검방법에서 확인한 공유 폴더명 입력

예시 "net share [공유폴더명] /del" 입력

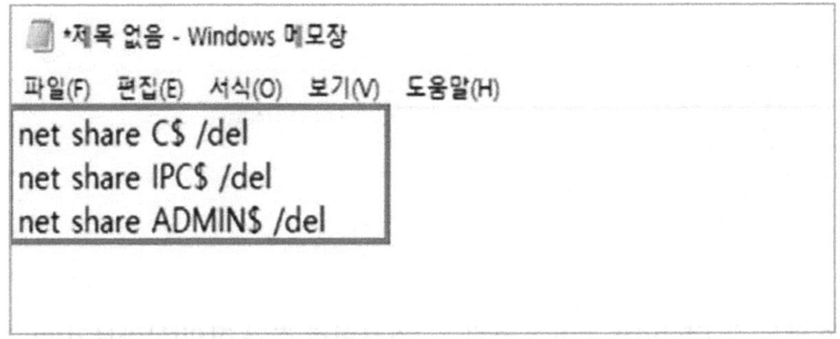

- **[파일]** → **[다른이름으로 저장]** 메뉴 선택
- 파일이름 **"[파일명].bat"** 입력 → 파일 형식 : **모든 파일** 선택 후 **저장**

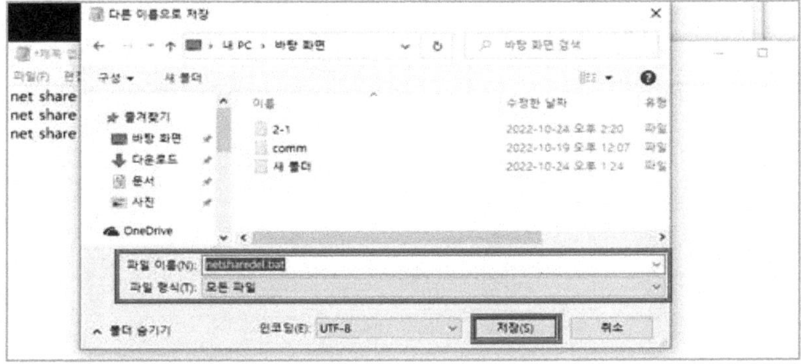

- 바탕화면 좌측 하단의 **시작[⊞] 버튼** 클릭 → **"gpedit.msc"** 입력 → **관리자 권한으로 실행(A)**

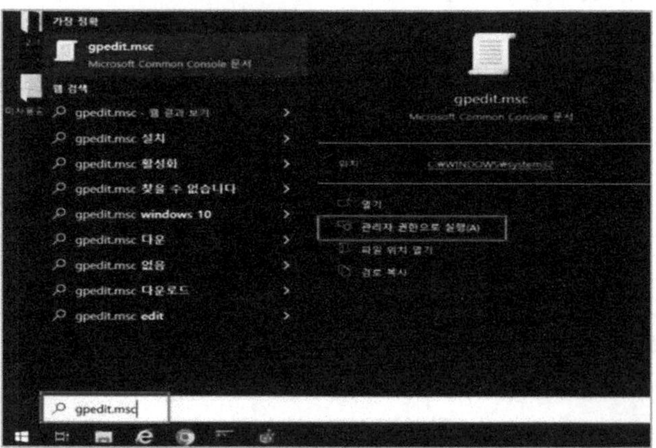

- 좌측 메뉴 중 **[사용자 구성] → [Windows 설정] → [스크립트(로그온/로그오프)] → [로그온]** 클릭

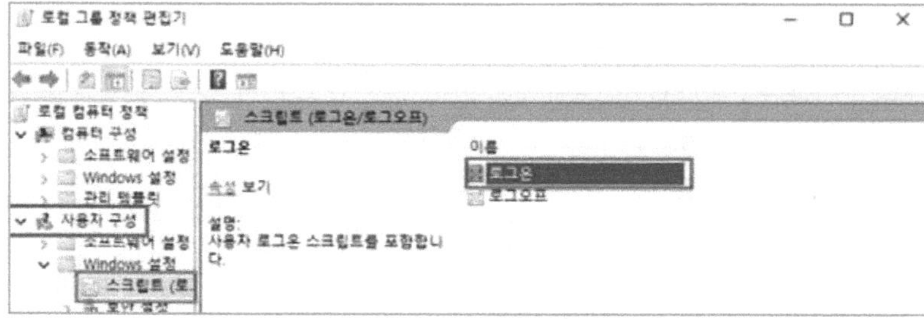

- 로그온 속성 메뉴 중 **[추가(D)...]** 버튼 클릭 → **[스크립트 추가 창의[찾아보기(B)...]** 버튼 클릭

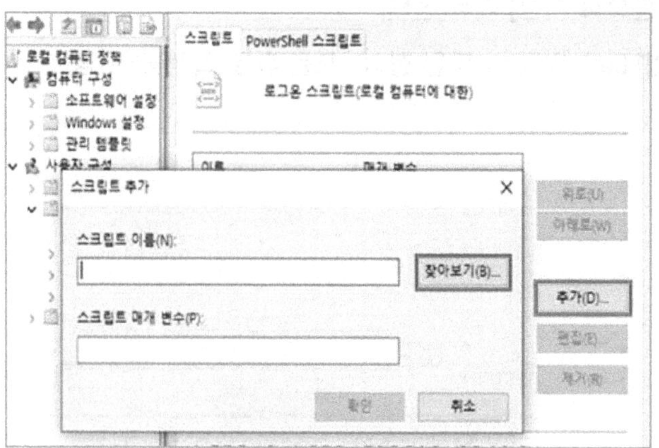

- 앞서 저장한, **[파일명].bat 선택** 후 확인 버튼 클릭

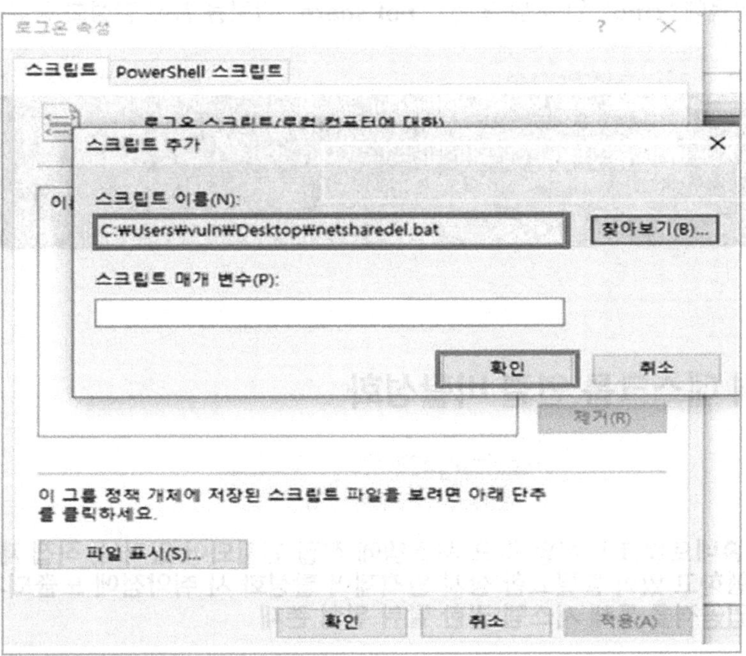

- **[적용(A)]** 버튼 클릭 → **[확인]** 버튼 클릭

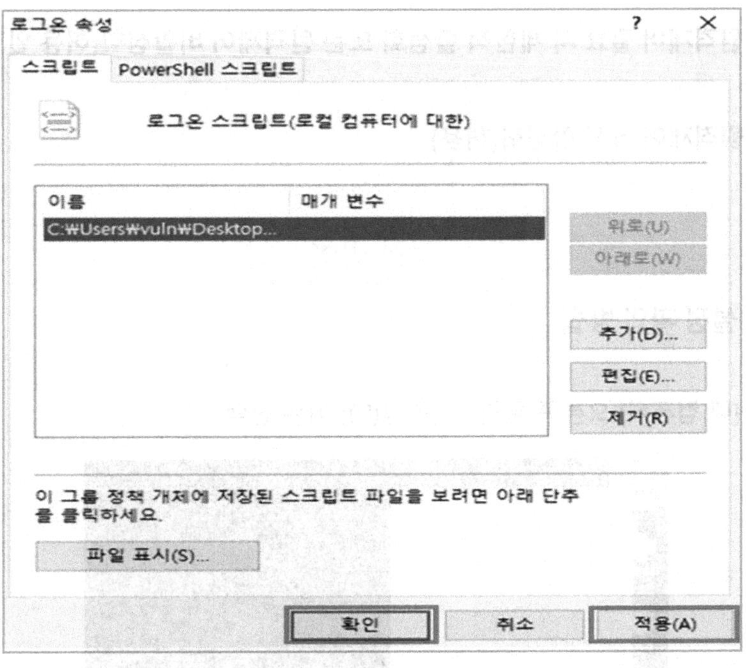

- **시스템 재시작** 후, **시작[ ] 버튼** 클릭 → **"실행" 검색,** 또는 **키보드 윈도우키[ ] + R**
- 실행 열기 항목에 **"cmd"** 입력 및 확인, **"net share"** 입력을 통해 활성화 공유폴더 확인

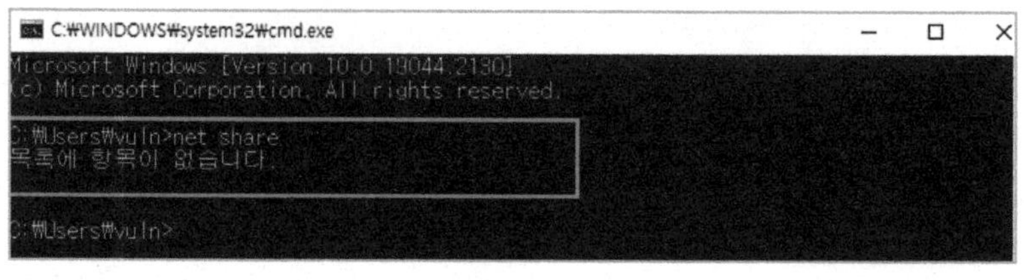

PC-5 원격 데스크톱 연결 비활성화

보안 위협

관리PC는 홈네트워크 단지망 주요 시스템에 직접 연결되어 있거나, 직접 제어 기능을 수행하고 있어 불필요한 상시 원격제어 활성화 시 취약점에 노출되거나, 무차별 대입공격을 통해 시스템 권한 탈취 위협 존재

판단 기준

양 호	**원격제어 필요 시 제한적 활성화 또는 원격제어 비활성화(허용 안함)**
취 약	**원격제어 상시 활성화(허용)**

점검 방법

1 원격제어 설정 확인 방법

- 바탕화면의 **[내 컴퓨터]** 오른쪽 클릭 → **[속성(R)]** 메뉴 선택

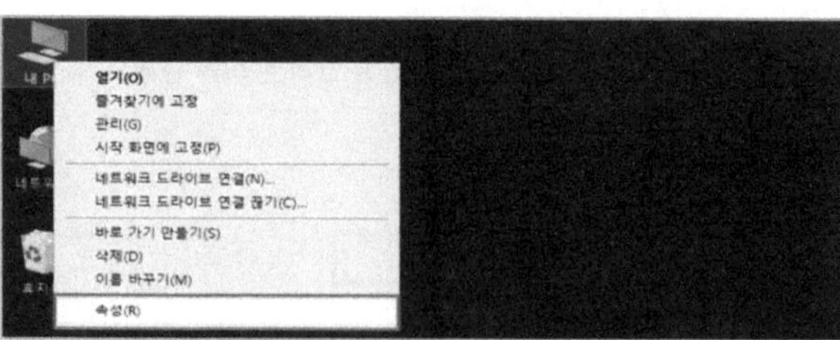

- 좌측 메뉴 중 **[정보]** 클릭 → **[고급 시스템 설정]** 클릭

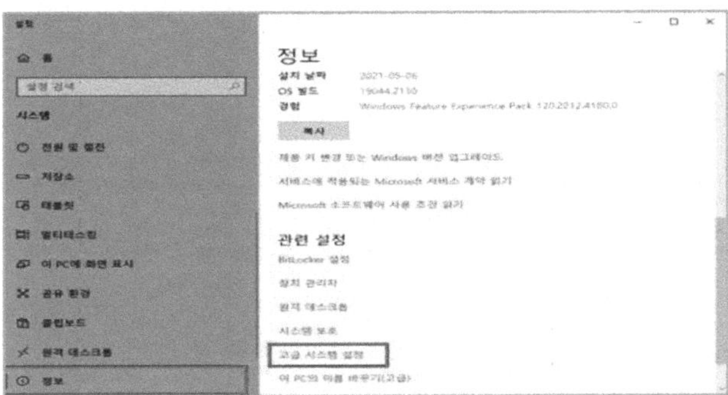

- **[원격]** 탭 클릭 → **[원격 데스크톱]** 설정 확인(**원격 연결 허용으로 설정된 경우 취약**)

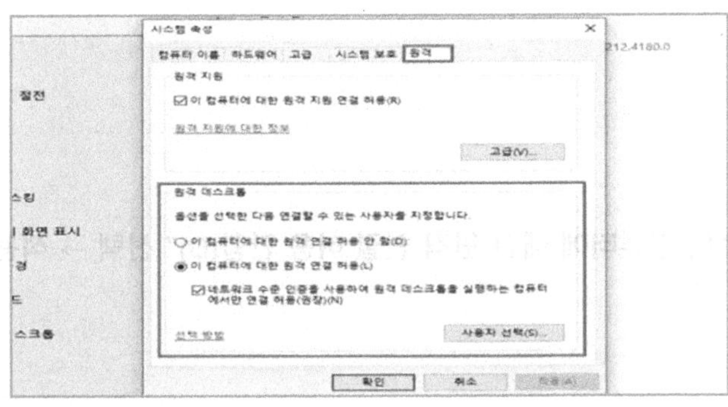

조치 방법

1 원격제어 설정 확인 방법

- 바탕화면의 **[내 컴퓨터]** 오른쪽 클릭 → **[속성(R)]** 메뉴 선택

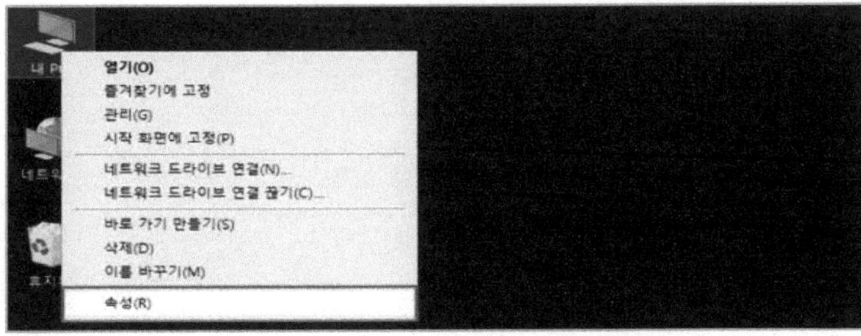

- 좌측 메뉴 중 **[정보]** 클릭 → **[고급 시스템 설정]** 클릭

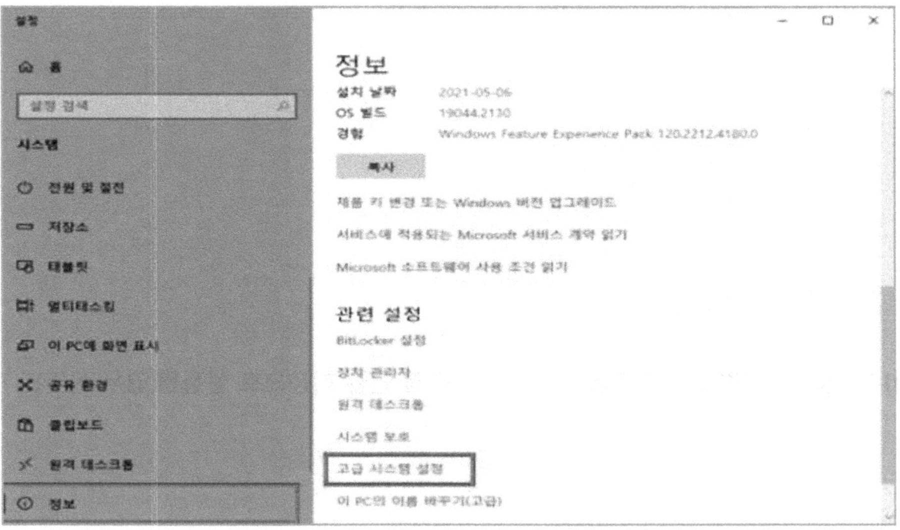

- **[원격]** 탭 클릭 → **"이 컴퓨터에 대한 원격 연결 허용 안함(D)"** 선택 → **적용** → **확인**

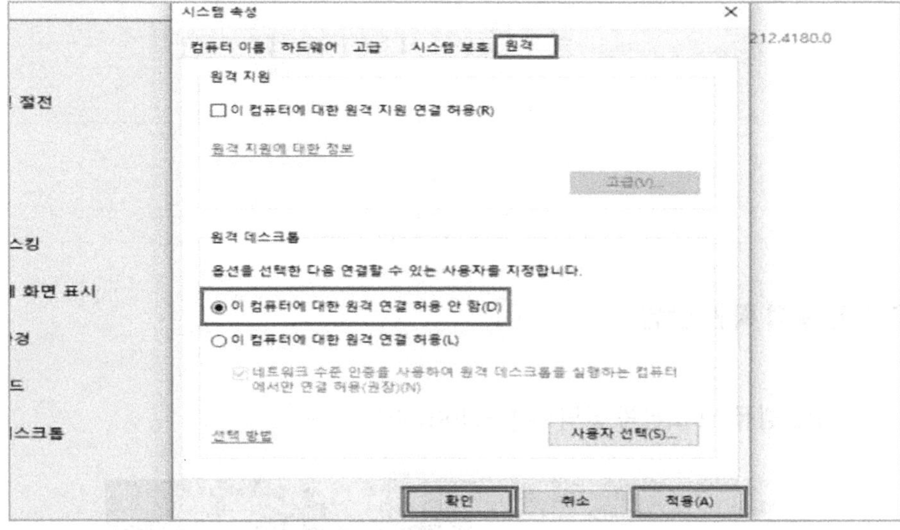

PC-6 불필요한 서비스 제거

보안 위협

사용 목적 이외의 불필요한 서비스 사용으로 네트워크 서비스(포트) 활성화 및 불필요한 서비스로 인한 취약점 공격 및 악성코드 감염 위협 증가

판단 기준

양호	사용목적 이외 불필요한 서비스 존재하지 않음
취약	사용목적 이외 불필요한 서비스가 존재함

점검 방법

1 불필요한 시작 프로그램 등록 여부 확인

- **바탕화면 좌측 하단의 시작[ ] 버튼** 클릭 → **"실행" 검색,** 또는 **키보드 윈도우키[ ] + R**
- 실행 열기 항목에 **"taskmgr"** 입력 및 확인

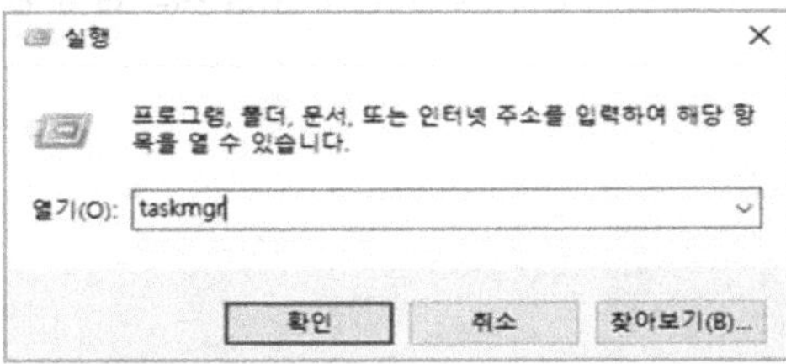

- **[시작프로그램]** 탭 클릭 및 프로그램 목록 검토

※ 불필요한 프로그램 예시 | 메신저, 게임, 파일공유, 주식 등 시스템 운영 프로그램 이외 프로그램

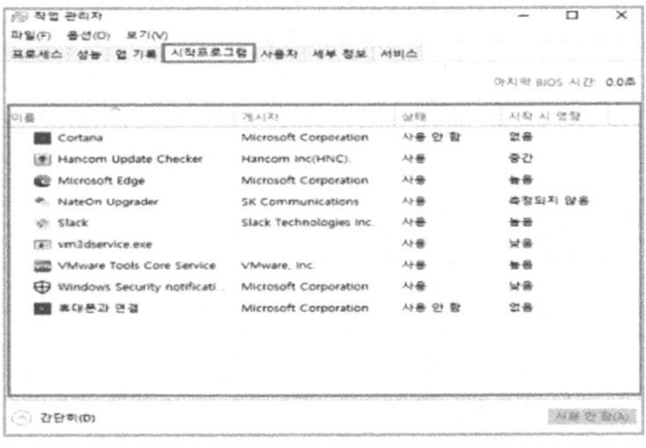

2 불필요한 프로그램 설치 여부 확인

- 바탕화면 좌측 하단의 **시작[ ] 버튼** 클릭 → **["앱 및 기능(F)"]** 메뉴 선택

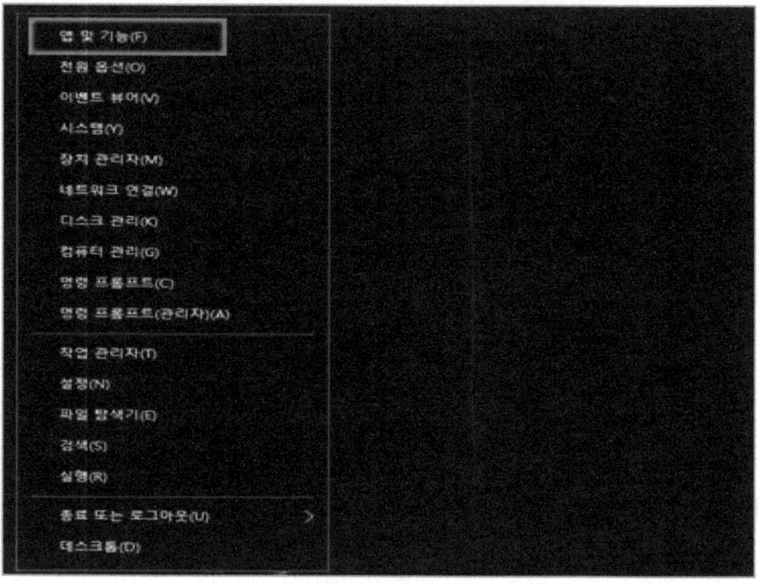

- 좌측 메뉴 중 **[앱 및 기능]** 클릭 → 설치된 프로그램 목록 검토
  ※ 불필요한 프로그램 예시 | 메신저, 게임, 파일공유, 주식 등 시스템 운영 프로그램 이외 프로그램

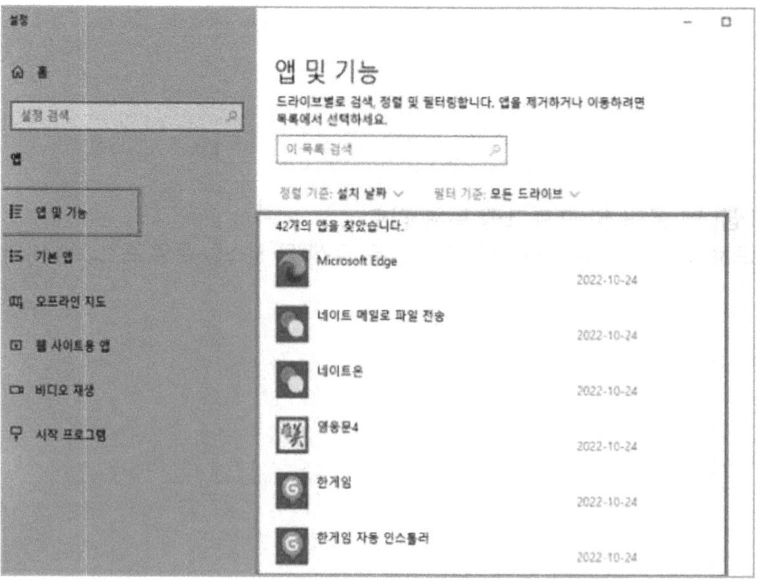

조치 방법

1 불필요한 시작 프로그램 설정 해제

- 바탕화면 좌측 하단의 **시작[ ] 버튼** 클릭 → **"실행"** 검색, 또는 **키보드 윈도우키[ ] + R**
- 실행 열기 항목에 **"taskmgr"** 입력 및 확인

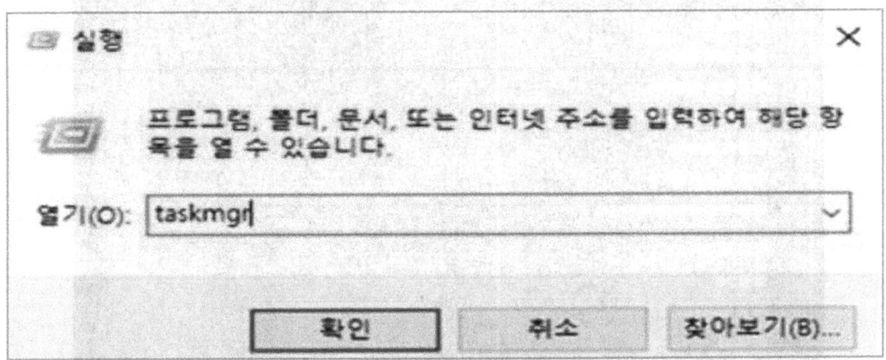

- **[시작프로그램]** 탭 클릭 및 목록 중 불필요한 시작 프로그램 선택 후 오른쪽 클릭 → **[사용 안함]**

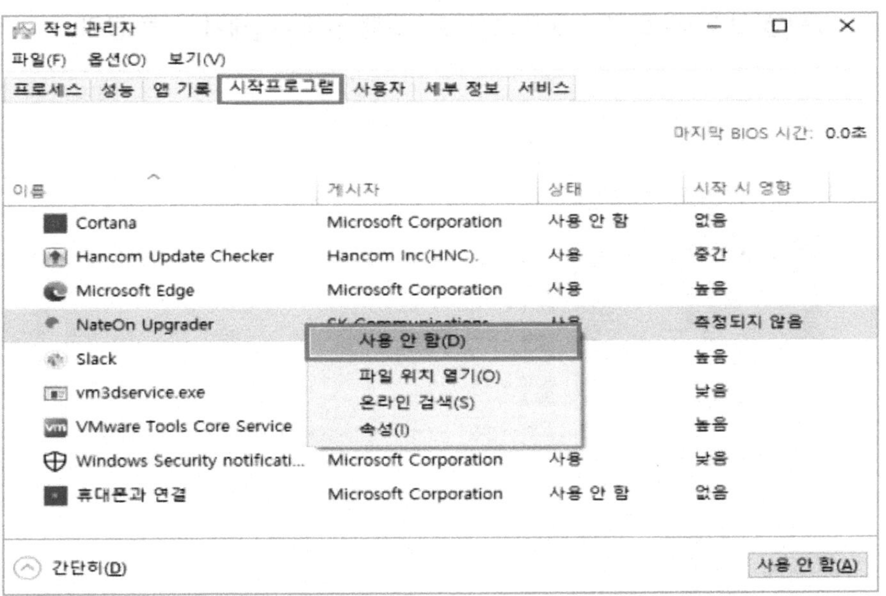

2 불필요한 프로그램 삭제

- 바탕화면 좌측 하단의 **시작[ ]** **버튼** 클릭 → **["앱 및 기능(F)"]** 메뉴 선택

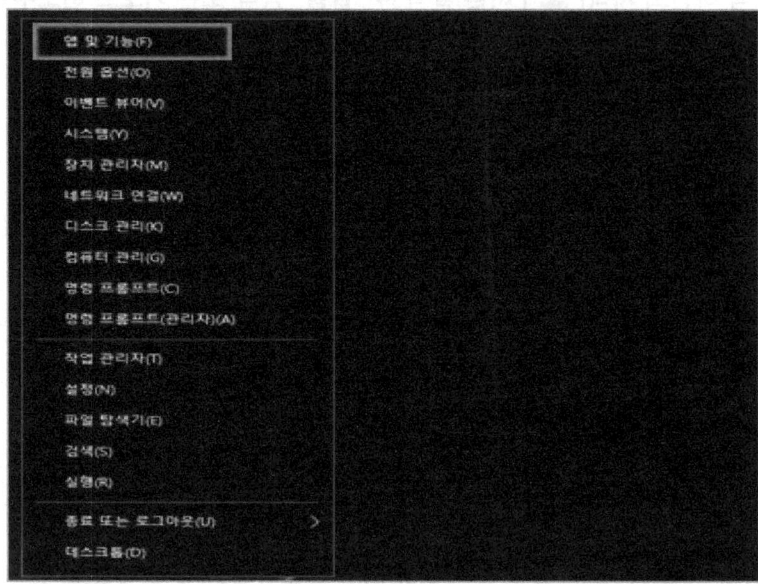

- 좌측 메뉴 중 **[앱 및 기능]** 클릭 → 불필요한 프로그램 선택 → **[제거]** 버튼 클릭

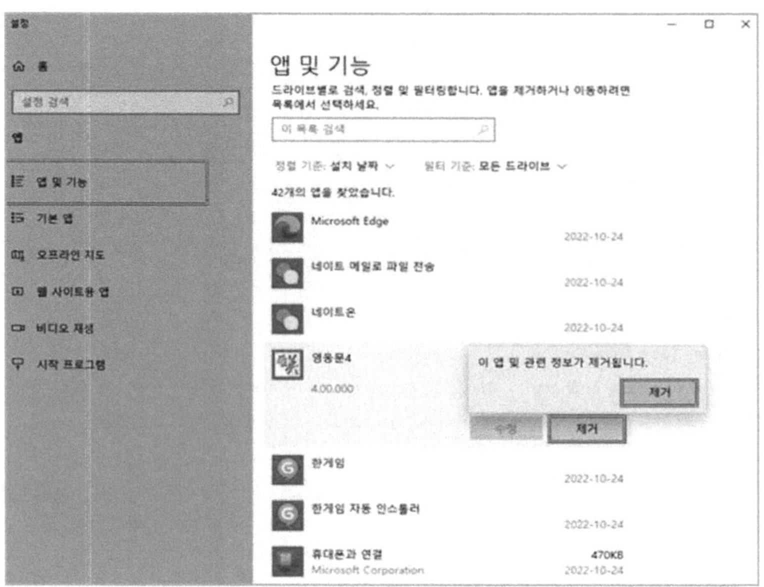

3 ▪ 운영체제 최신 보안 업데이트

PC-7 운영체제 최신 보안 업데이트

보안 위협

운영체제의 최신 보안 패치가 이루어지지 않아 취약점이 존재할 경우, 비인가자에 의한 취약점 공격에 의해 시스템 접근 권한 탈취 위협 존재

판단 기준

양 호	업데이트 지원중인 운영체제 사용 및 최신 보안 업데이트 사용중
취 약	지원 종료 운영체제 사용, 최신 보안 업데이트 미적용

점검 방법

1 사용중인 운영체제 확인

- 바탕화면 좌측 하단의 **시작[ ] 버튼** 클릭 → **"실행"** 검색, 또는 **키보드 윈도우키[ ] + R**
- 실행 열기 항목에 **"winver"** 입력 및 확인

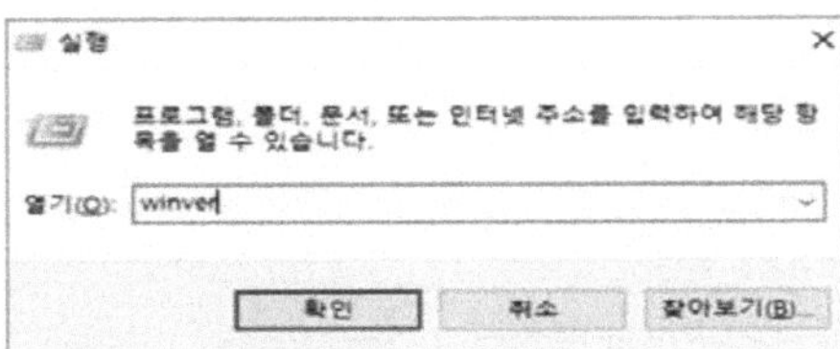

- Windows 정보를 통해 사용중인 운영체제 버전확인

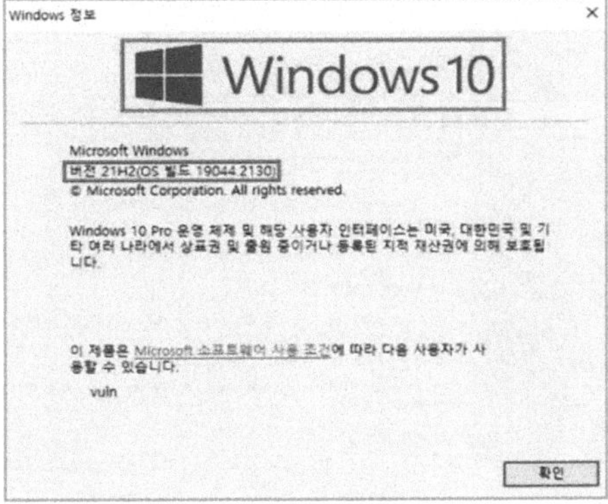

※ Windows XP, Windows 7은 기술지원이 종료 되었으므로, Windows 10 이상의 버전 사용 권고

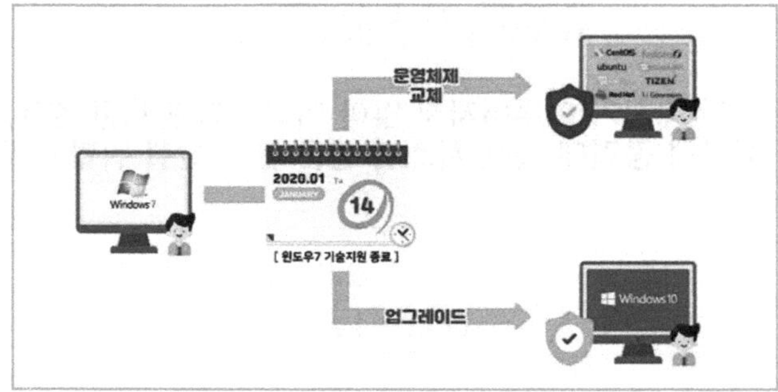

2 운영체제 최신 보안 업데이트 사용 확인

- 바탕화면 좌측 하단의 **시작[ ] 버튼** 클릭 → **전원[ ]** 상단에 위치한 **설정[ ] 버튼** 클릭
- Windows 설정 메뉴 중 **[업데이트 및 보안]** 클릭

- 좌측 메뉴 중 **[Windows 업데이트]** 클릭 → **사용 가능한 업데이트 여부 확인**

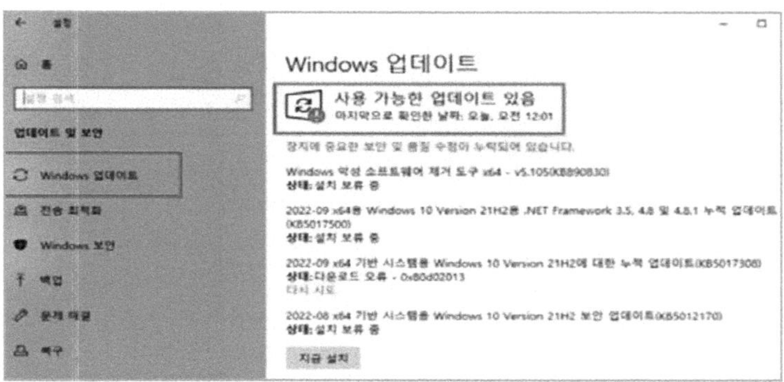

조치 방법

1 운영체제 최신 보안 업데이트

- 바탕화면 좌측 하단의 **시작[ ] 버튼** 클릭 → **전원[ ]** 상단에 위치한 **설정[ ] 버튼** 클릭
- Windows 설정 메뉴 중 **[업데이트 및 보안]** 클릭

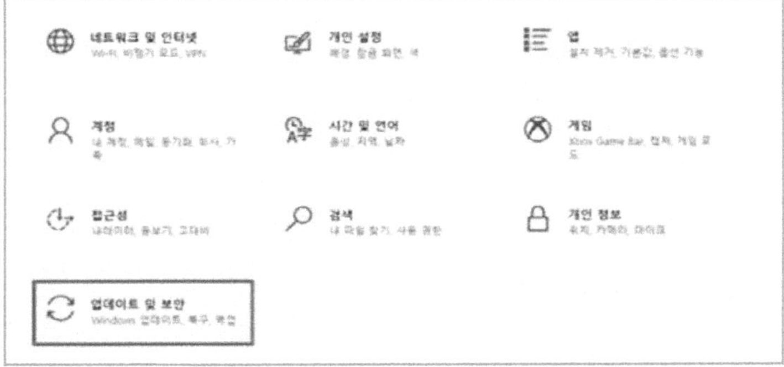

- 좌측 메뉴 중 **[Windows 업데이트]** 클릭 → **[지금 설치]** 버튼 클릭

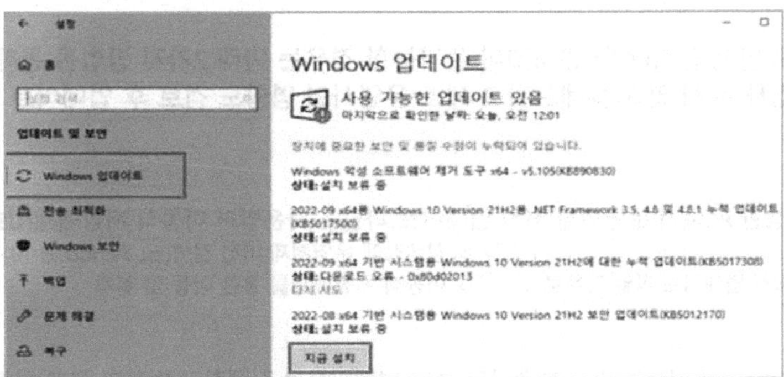

- **Windows 업데이트 진행 과정(다운로드 및 설치 중)**

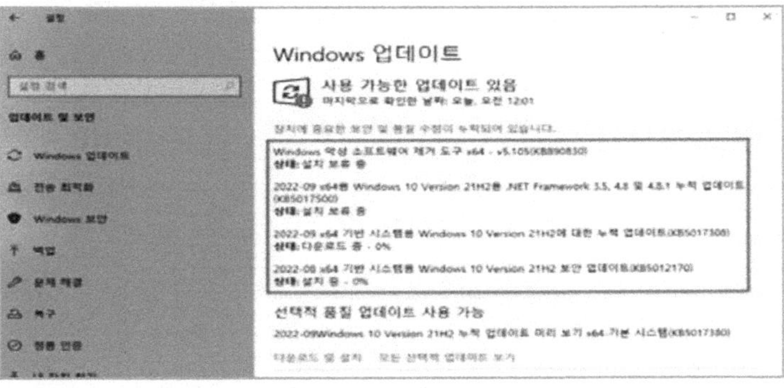

▪ **Windows 업데이트 완료(최신 업데이트 상태)**

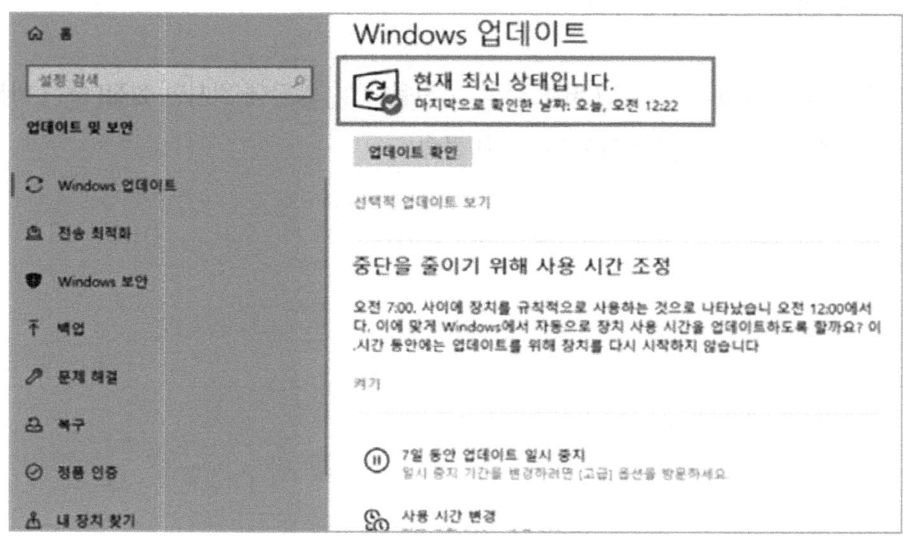

※ 방화벽 설정으로 인해 관리PC의 인터넷이 불가능한 경우는 아래 2가지 방법을 통해 주기적인 보안 업데이트 상태 유지 필요(홈네트워크 제조·운영사와 영향도 검토 후 업데이트 적용)

1 인터넷이 가능한 PC에서 운영체제 최신 업데이트 파일을 다운받아 이동식 저장매체(USB)를 통해 설치
- ▷ https://catalog.update.microsoft.com 접속 ▷ 검색창에 운영체제 버전 검색(ex. Windows 10 누적)
- ▷ 해당하는 최신 업데이트 파일 다운로드 ▷ 이동식 저장매체를 통한 이동 및 설치

2 방화벽의 Outbound 정책을 임시 해제하여 보안 업데이트를 진행하고 방화벽 정책 원복 수행
- ▷ 보안 업데이트에 필요한 정책 : 내부→외부(목적지 IP : Any(80/443 포트) 허용)

4 ▪ 악성코드 탐지 예방 활동

PC-8 백신 설치 및 주기적 업데이트

보안 위협

백신 미설치 또는 실시간 검사가 비활성화 되어있는 경우, 네트워크 또는 작업 중 악성코드 감염으로 인해 시스템 제어권 탈취, 정보 파일 유출 등 위협 존재

판단 기준

양호	백신 설치 및 최신 업데이트 사용중
취약	백신 미설치, 비활성화, 최신 업데이트 미적용

점검 방법

1 백신 실시간 감시 활성화 여부 확인

- 바탕화면 좌측 하단의 **시작[ ] 버튼** 클릭 → **전원[ ]** 상단에 위치한 **설정[ ] 버튼** 클릭
- Windows 설정 메뉴 중 **[업데이트 및 보안]** 클릭

- 좌측 메뉴 중 **[Windows 보안]** 클릭 → **[Windows 보안 열기]** 버튼 클릭

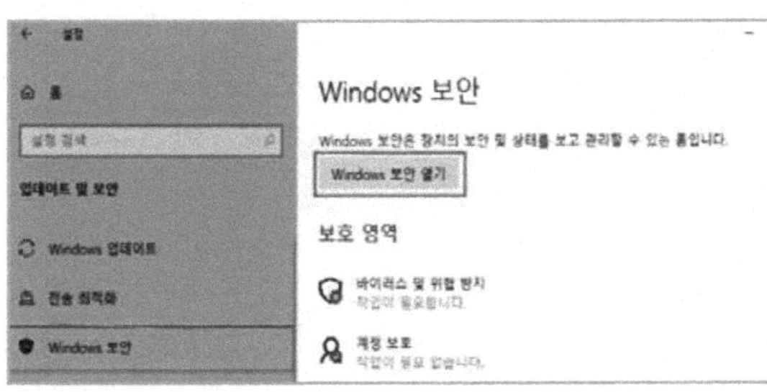

- 바이러스 및 위협 방지 상태를 통해 백신 실시간 보호 비활성화 여부 확인

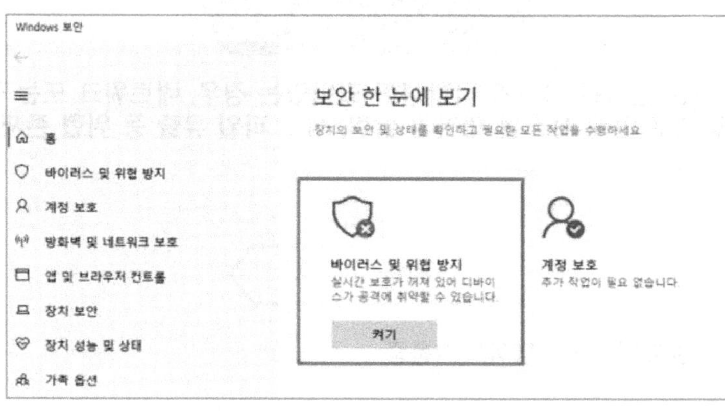

조치 방법

1 백신 실시간 감시 활성화

- 바탕화면 좌측 하단의 **시작[ ] 버튼** 클릭 → **전원[ ]** 상단에 위치한 **설정[ ] 버튼** 클릭
- Windows 설정 메뉴 중 **[업데이트 및 보안]** 클릭

- 좌측 메뉴 중 **[Windows 보안]** 클릭 → **[Windows 보안 열기]** 버튼 클릭

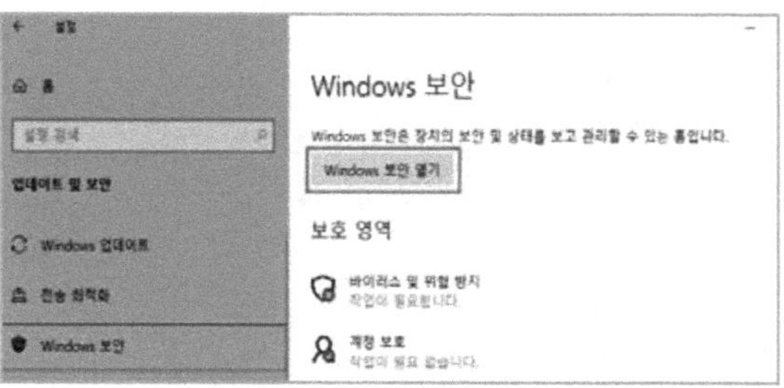

▪ 좌측의 **[바이러스 및 위협 방지]** 메뉴 선택, 우측의 바이러스 및 위협 방지 설정 **[켜기]** 버튼 클릭

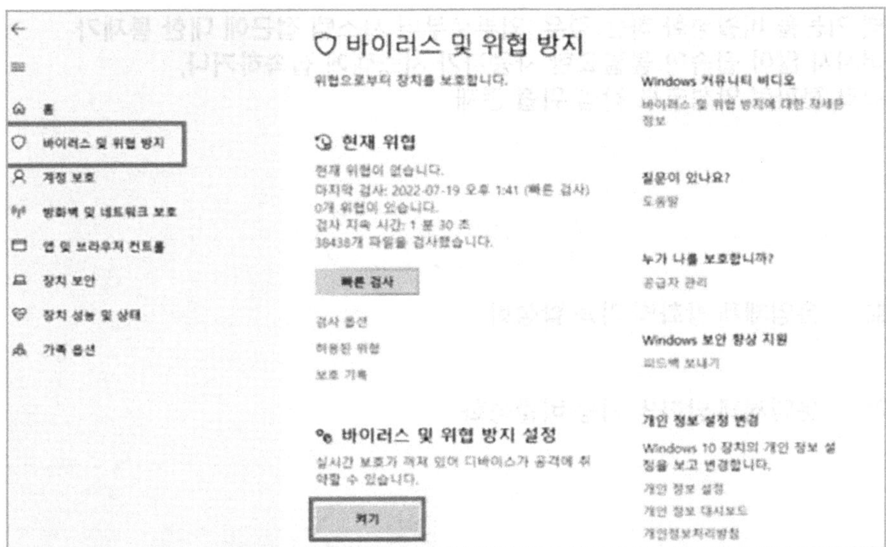

▪ **바이러스 및 위협 방지 설정 활성화 상태**

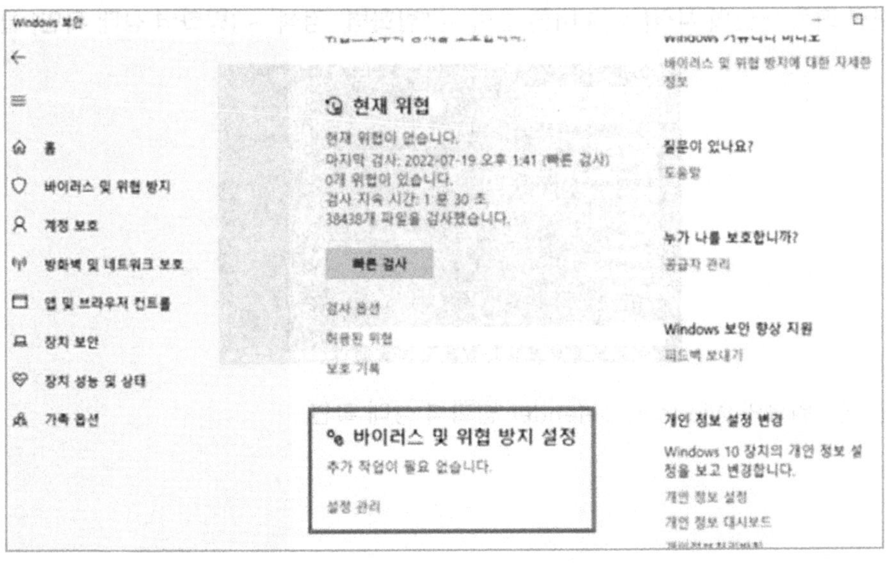

PC-9 운영체제 방화벽 기능 활성화

보안 위협

방화벽 기능을 비활성화 하는 경우, 외부로부터 시스템 접근에 대한 통제가 이루어지지 않아 접속이 불필요한 사용자가 시스템에 접속하거나, 네트워크 전파형 악성코드 감염 위협 존재

판단 기준

양 호	**운영체제 방화벽 기능 활성화**
취 약	**운영체제 방화벽 기능 비활성화**

점검 방법

1 운영체제 방화벽 활성화 여부 확인

- 바탕화면 좌측 하단의 **시작[ ] 버튼** 클릭 → **"방화벽"** 검색 → **[방화벽 상태 확인]** 클릭

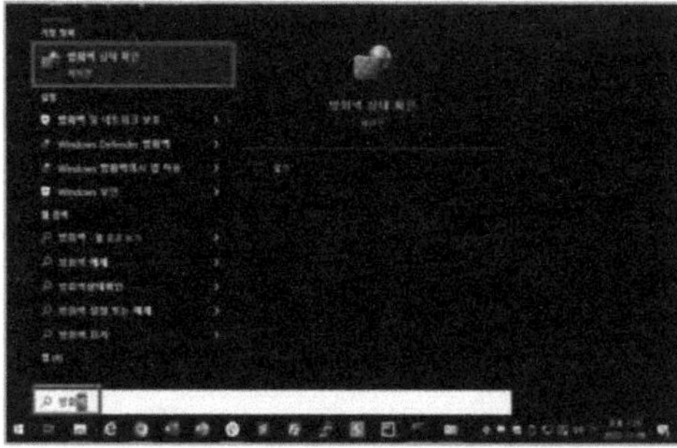

- 연결된 네트워크의 Windows Defender 방화벽 상태 확인

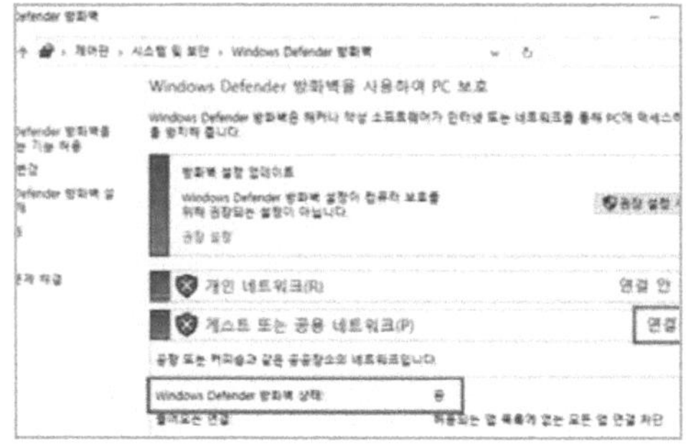

조치 방법

1 운영체제 방화벽 활성화

- 바탕화면 좌측 하단의 **시작[⊞] 버튼** 클릭 → **"방화벽"** 검색 → **[방화벽 상태 확인]** 클릭

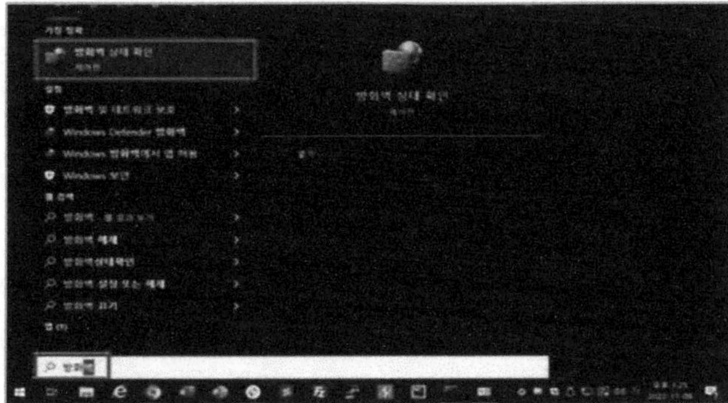

- 좌측 메뉴 중 **[Windows Defender 방화벽 설정 또는 해제]** 메뉴 클릭

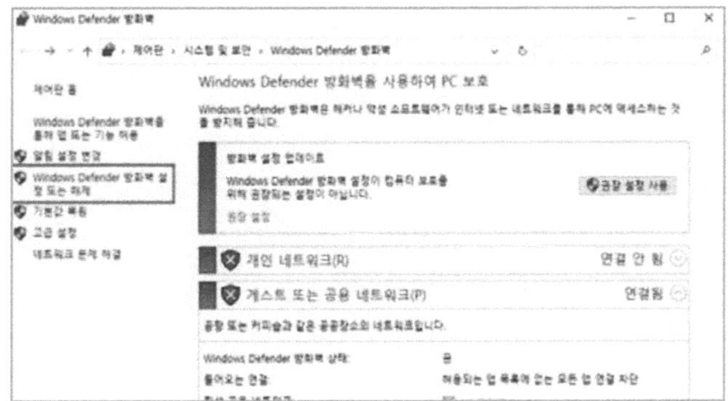

- **[Windows Defender 방화벽 사용]** 옵션 선택 → **[확인]** 버튼 클릭

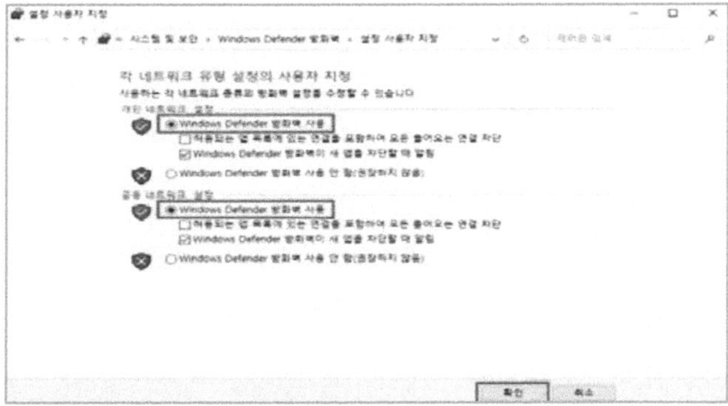

- **운영체제 방화벽 기능 활성화 상태**

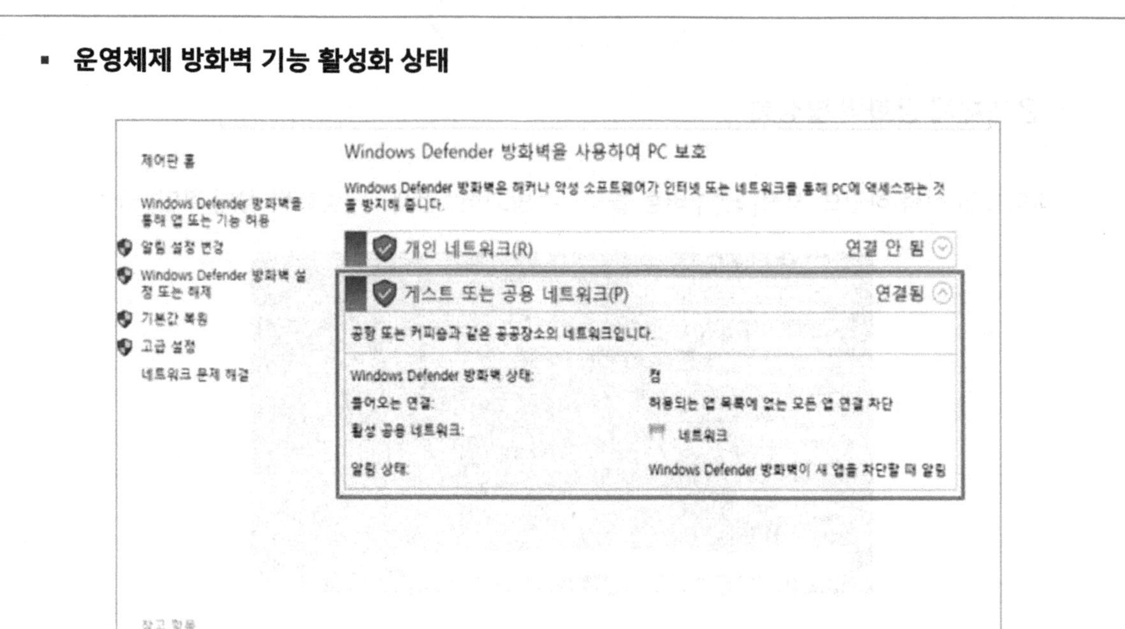

공동주택 홈네트워크 시스템 보안관리 안내서

주요 시스템 및 관리 PC 점검표

- 예 시 -

1 ▪ 주요 시스템 점검 결과표

주요 시스템 점검 결과표

소속		점검자		점검일자	
구분	점검항목	점검 결과			
네트워크 및 보안장비	네트워크 분리 운영				
	계정 관리				
	기능 관리				
	접근 관리				
	패치 관리				
구분	점검항목	점검 결과			
		홈넷	...	...	...
서버	계정 관리 및 권한 검토				
	관리자, 사용자 디렉토리 권한 적정성				
	권한 상승 및 불필요한 파일 관리				
	중요 설정파일 소유자 및 접근권한 관리				
	불필요한 서비스 및 스케줄러				
	원격 접속 및 터미널 서비스 관리				
	주요 어플리케이션 보안				
	악성코드 탐지·예방 활동				
	로그 기록 보관				
	데이터베이스				

2 ▪ 관리 PC 점검 결과표

● 양호 ▲ 조치불가 ✕ 미흡

관리 PC 점검 결과표

소속		점검자		점검일자	
구분	점검항목	점검 결과			
		홈넷	...	...	...
계정 관리 및 보안 설정	운영체제 패스워드 설정				
	패스워드 주기적 변경				
	화면보호기 및 해제 시 암호 설정				
불필요한 서비스 비활성화	공유폴더 제거				
	원격데스크톱 연결 비활성화				
	불필요한 서비스 제거				
최신 보안 업데이트	운영체제 최신 보안 업데이트				
악성코드 탐지 예방 활동	백신 설치 및 주기적 업데이트				
	운영체제 방화벽 기능 활성화				

집　필　한국인터넷진흥원 사이버침해대응본부 사이버방역단 방역점검팀
김대완 선임, 조세준 선임
배승권 팀장

감　수　신대규 본부장, 서정훈 단장

공동주택 홈네트워크 시스템
보안관리 안내서

초판 인쇄 2023년 04월 05일
초판 발행 2023년 04월 11일

저　자 과학기술정보통신부, 한국인터넷진흥원
발행인 김갑용

발행처 진한엠앤비
주소 서울시 서대문구 독립문로 14길 66 205호(냉천동 260)
전화 02) 364 - 8491(대) / 팩스 02) 319 - 3537
홈페이지주소 http://www.jinhanbook.co.kr
등록번호 제25100-2016-000019호 (등록일자 : 1993년 05월 25일)

ISBN 979-11-290-4627-7 (93330) [정가 10,000원]